Werner Oswald / Manfred Gihl

Kraftfahrzeuge der Feuerwehr und des Sanitätsdienstes

Werner Oswald / Manfred Gihl

Kraftfahrzeuge der Feuerwehr und des Sanitätsdienstes

Katalog der deutschen Feuerwehr-, Sanitäts- und Katastrophenschutz-Kraftfahrzeuge von 1900 bis 1975

Motorbuch Verlag Stuttgart

Fotos und Bilder

Werkbilder Magirus-Deutz (166), Metz (53), Miesen (30), Daimler-Benz (27), Bachert (19), Binz (16), Opel (12), MAN (11), Clinomobil-Hospitalwerk (11), Faun (9), Volkswagenwerk (9), Ford (7), Ziegler (5), Rosenbauer (3), Arve (2), Heines-Wuppertal (2), Kässbohrer (2), Karosseriewerke Weinsberg (2), BMW (1), Herrmann (1), Kaelble (1), Kuli-Remscheid (1)

Berufsfeuerwehr Berlin (62), München (32), Hannover (17), Stuttgart (13), Dortmund (12), Köln (12), Düsseldorf (9), Heilbronn (9), Bonn (7), Hamburg (5), Bochum (4), Frankfurt (4), Braunschweig (3), Essen (3), Mainz (2), Nürnberg (2), Wien (2)

Technisches Hilfswerk Bayern (11), Bundeswehr (8)

Werkfeuerwehr Esso-Raffinerie Köln (6), Audi-NSU (2), Deutsche Solvay-Werke (1)

Fotos Gihl (98), Matthies (51), Merlau (20), Stiehl (3), Langer (2), Hagelauer (1), Köttgen (1), Matig (1), Neumann (1), Roka (1)

Archiv Oswald (62), Ewald (15), Brandschutz (5), Kasten (3), Stoewer (1)

Redaktion und Umbruch: Werner Oswald
Umschlagzeichnung: Carlo Demand
Einband und Umschlagkonzeption: Siegfried Horn

ISBN 3-87943-440-9

5. Auflage 1986

Drucktechnische Herstellung: Schwabenverlag AG, 7302 Ostfildern 1
Bindung: Verlagsbuchbinderei Karl Dieringer, 7016 Gerlingen.
Printed in Germany

Inhalt

Lieber Leser,

in der an sich so vielfältigen Automobilliteratur fehlte bisher eine umfassende Dokumentation über die Kraftfahrzeuge der Feuerwehr und des mit den Feuerwehren eng verbundenen Sanitätsdienstes. Daß diese Lücke seither bestand, mag schwer begreiflich erscheinen, wenn man bedenkt, um welch weitgespanntes Aufgabengebiet es sich hier handelt. Schließlich zählen die Feuerwehren im Bundesgebiet immerhin etwa 800 000 Mitglieder und verfügen über 35 000 spezielle Feuerwehrfahrzeuge. Hinzu kommen noch zehntausende von Helfern des Deutschen Roten Kreuzes und ähnlicher Organisationen sowie die im Technischen Hilfswerk und im übrigen Katastrophenschutz tätigen Männer, deren in der Öffentlichkeit weithin unbekannten Kraftfahrzeuge in diesem Buch ebenfalls vorgestellt werden.

Die bereitwillige Unterstützung, welche der Verfasser bei der Mehrzahl der angesprochenen Behörden, Dienststellen und Firmen fand, spricht dafür, daß das nun vorliegende Buch auch und gerade in Fachkreisen bisher sehr vermißt wurde. Anders als bei seinen beiden Büchern über die Militär- und über die Polizeifahrzeuge konnte sich der Verfasser hier jedoch nicht auf umfangreiche Vorkenntnisse und Erfahrungen stützen, weshalb er sich in diesem Fall der Mitarbeit eines sachkundigen Co-Autors versicherte. Oberbrandrat Dipl.-Ing. Manfred Gihl, Leiter des Kraftfahrwesens der Hamburger Feuerwehr, übernahm dankenswerterweise den Entwurf der Rahmentexte, gab vielerlei Rat in fachlichen Fragen und besorgte die abschließende Durchsicht des gesamten Werks.

Herzlicher Dank gilt den vielen Personen, Dienststellen und Firmen, welche die Arbeit an diesem Buch in so verständnisvoller Weise unterstützten. Man kann hier nicht alle Namen aufzählen, doch seien wenigstens diejenigen genannt, welche am meisten Hilfe leisteten. Besonders weitgehende Unterstützung fanden wir bei Rainer Matthies (Hannover), Landesbranddirektor Seidel (Berlin), Branddirektor Dipl.-Ing. Heinrich Schläfer (München), Ingo Kasten (Magirus-Deutz) und Bernhard Hülsen (Daimler-Benz). Wertvolle Hinweise zur geschichtlichen Entwicklung gab Oberst a. D. Gustav Ewald, der bis 1945 Inhaber der Feuerwehrgerätefabrik Ewald im heute polnischen Küstrin war. Er hat die Motorisierung der Feuerwehr von der Zeit vor dem ersten Weltkrieg bis heute bewußt und aktiv tätig miterlebt. Wer sonst noch könnte das von sich behaupten?

In freundschaftlichem Zusammenwirken erfahrener Experten entstand somit eine umfassende Dokumentation über die deutschen Kraftfahrzeuge der Feuerwehr und des Sanitätsdienstes von 1900 bis heute. Die Reihenfolge von Marken und Modellen, sei es im Text, sei es bei den Bildern, bedeutet allerdings keineswegs irgendeine Wertung. Zwar wurde versucht, eine gewisse Ordnung nach Modellgenerationen herzustellen, dennoch mußten Bildwahl und Bildfolge manchmal dem Zufall oder redaktionstechnischen Belangen überlassen bleiben.

Im übrigen will und kann das Buch keine Enzyklopädie aller jemals gebauten oder vorhandenen Spezialfahrzeuge des Themengebiets sein. Platz- und Preisgründe, aber auch das Streben nach besserer Übersicht geboten die Beschränkung auf typische oder wichtige Beispiele, wobei die Auswahl bei der riesigen Materialfülle oft schwer zu treffen war und manchmal unvermeidlicherweise auch mehr oder weniger willkürlich ausfiel. Außerdem sind dem Verfasser trotz redlichen Bemühens gewiß noch längst nicht alle interessanten Feuerwehr- und Sanitätsfahrzeuge bekannt geworden, die es gab oder gibt. Deshalb sei ebenso herzlich wie dringend darum gebeten, im Hinblick auf eine spätere Neubearbeitung des Buches mitzuteilen, welche Korrekturen und Ergänzungen notwendig oder wünschenswert erscheinen. Fotos und die zugehörigen Daten sollten aber stets beigefügt sein.

Gewidmet sei dieses Buch den aktiven und ehemaligen Mitgliedern der Feuerwehren, der Sanitätsdienste und des Katastrophenschutzes, ebenso aber auch jenen vielen Lesern, die sich für diese Sachgebiete interessieren. Sie alle mögen an dem Buch viel Freude haben!

8024 Deisenhofen bei München
Postfach 126

(Ing. Werner Oswald)

1901 bis 1928: Auf Um- und Irrwegen motorisiert sich die Feuerwehr

Bei den Fahrzeugen der Feuerwehr die motorische Kraft anzuwenden lag nahe, denn gerade hier kommt es entscheidend auf die Geschwindigkeit an, mit der die Brand- oder Unfallstelle erreicht wird. Jahrzehntelang hatten Pferde die »Spritzen« schnell und zuverlässig zum Einsatzort gezogen. Mit dem Aufkommen der Dampfmaschine, des Elektromotors und des Verbrennungsmotors mußten sich die Feuerwehren mit der Prüfung des »pferdelosen Antriebes« samt seinen vielschichtigen Problemen auseinandersetzen. Der Widerstand in den eigenen Reihen gegen jede Art der motorischen Fortbewegung war zum Teil sehr stark. Viele Brandschutzfachleute neigten um die Jahrhundertwende zur Ansicht, daß »die heutige Dampfspritze, die mit gesunden Pferden bespannt, sicher und hilfsbringend zur Brandstätte eilt, das Ideal eines Löschgerätes für jede Feuerwehr ist und bleibt!«

Schließlich gaben den Ausschlag dafür, daß man sich mit dem »automobilen« Löschfahrzeug überhaupt beschäftigte, nicht etwa zu geringe Schnelligkeit der pferdebespannten Fahrzeuge (der 1. Kilometer wurde immerhin in 3 Minuten, 2 Kilometer in 7 Minuten zurückgelegt), sondern die sehr hohen Betriebskosten der Pferdehaltung: etwa 4000 Mark pro Jahr und Fahrzeug!

Zwar verwendete man die Dampfmaschine schon zum Antrieb der Pumpe, das Fahrzeug selbst wurde aber von Pferden gezogen. Die Löschmannschaften fuhren auf der Dampfspritze oder auf Mannschaftswagen zur Brandstelle.

Der damalige Branddirektor Reichel von Altona schrieb im Jahre 1898:

> »... Sollen Feuerwehrleute in Qualm und Hitze tüchtig arbeiten, so dürfen sie nicht in erschöpftem Zustande eintreffen. Alle Bestrebungen, die thierische Zugkraft für Feuerwehrfahrzeuge in der Weise zu ersetzen, daß sich die Mannschaften auf Fahrrädern, Tretmotoren etc. im Schweiße ihres Angesichtes nach der Brandstelle treten müssen, sind daher als total verfehlt zu bezeichnen. Als Ersatz für die thierische Zugkraft können somit ernstlich nur Motoren in Frage kommen, welche die Feuerwehrfahrzeuge durch die von ihnen erzeugte Kraft vorwärts treiben. Für den gedachten Zweck dürften sich, nach kürzlich angestellten Probefahrten zu schließen, die in neuerer Zeit wesentlich verbesserten Daimler-Motoren ganz vorzüglich eignen. Ein derartiger Motor-Feuerwehr-Wagen wird gegenwärtig zu Versuchszwecken für die Altonaer Berufsfeuerwehr gebaut. Der Wagen soll als »Hydrantenwagen« in Dienst gestellt werden und ist zur Mitnahme von 8 Mann bestimmt; er bietet außerdem Platz zum Unterliegen von Hakenleitern, Schläuchen, Arbeits- und Aufräumungsgeräten etc. Der Versuch wird in Altona gemacht werden; hoffentlich führt er zu einem günstigen Resultat!«

Allgemein war man jedoch der Ansicht, daß »die Frage der Verwendbarkeit von Motoren als Ersatz für Pferde zur Zeit noch nicht spruchreif ist.« Doch unbeirrbar und energisch setzte sich besonders Branddirektor Reichel für die Motorisierung der Feuerwehren ein.1900 zur Feuerwehr Hannover übergewechselt, stellte er auf der 1. Internationalen Ausstellung für Feuerschutz und Feuerrettungswesen 1901 in Berlin der erstaunten Fachwelt den ersten automobilen Löschzug der Welt vor. Er war von der damals führenden Feuerwehrfahrzeugfirma »Wagenbauanstalt und Waggonfabrik für elektr. Bahnen (vorm. W.C.F. Busch) Aktiengesellschaft in Hamburg und Bautzen« gefertigt und bestand aus drei Fahrzeugen:

- dampfangetriebene Spritze
- elektrisch angetriebene Gasspritze
- elektrisch angetriebener Hydrantenwagen

Die Indienststellung erregte in Fachkreisen gewaltiges Aufsehen und wurde weithin als recht gewagtes Unternehmen angesehen. Es stellte sich aber nach mehrjährigem Einsatz eine hohe Betriebssicherheit heraus. Dies war dem besonderen Konstruktionsmerkmal zuzuschreiben, daß Fahrantrieb und Pumpenantrieb getrennt, also zwei Dampfmaschinen angeordnet waren. Das ständige, sehr kostspielige Unter-Dampf-Halten der Dampfmaschine ließ jedoch nach anderen Antrieben Ausschau halten.

Als erstes Feuerwehrfahrzeug mit Benzinmotor in Deutschland gilt ein umgebauter leichter Motorwagen der Adler-Werke, der ebenfalls auf der internationalen Feuerwehr-Ausstellung 1901 in Berlin vorgestellt wurde. Seine Merkmale: Offene Bauweise, je 2 Mann sitzen Rücken an Rücken, zwischen ihnen eine tragbare Schlauchhaspel, über ihnen ein Leitergerüst für 3 Hakenleitern. Aber das Fahrzeug fand keinen Käufer!

Streit um den besten Antrieb

Die Auseinandersetzungen um die bestgeeignete Antriebsart für Feuerwehrfahrzeuge – Dampf, Elektrizität oder Benzin – wurden jahrelang unter größtem persönlichen Einsatz und mit einer heute nicht mehr vorstellbaren Leidenschaft auf Tagungen und in Fachzeitschriften ausgefochten.

Branddirektor Reichel, inzwischen Leiter der Berliner Feuerwehr, war im Jahre 1906 der Ansicht, daß die sofortige Betriebsbereitschaft und hohe Betriebssicherheit bei den möglichen Antriebsarten Dampfantrieb, Elektromotor und Verbrennungsmotor vom Verbrennungsmotor am allerwenigsten erfüllt werden könnten. Daher entschied er sich – wie vorher übrigens auch die Pariser und Wiener Feuerwehr – für den Elektroantrieb. Der geringe Aktionsradius konnte noch in Kauf genommen werden, ungünstig war dagegen das hohe Batteriegewicht von anfangs 1000 kg, das zu Lasten der feuerwehrtechnischen Zuladung ging.

Im selben Jahr schrieb der spätere Hamburger Branddirektor Sander in einem Erfahrungsbericht deutlich, und zugleich sehr sachlich:

> »... Wenn ein Feuerwehroffizier etwas von einem Explosionsmotor hört, dann weiß er schon ganz genau, daß er ihn nicht brauchen kann und daß er absolut unbrauchbar ist. Wenn er schon vom Dampfmotor und Elektromotor in vielen Fällen nicht sehr viel kennt, dann kennt er vom Benzinmotor, der hier einzig und allein in Frage kommt, erst recht verhältnismäßig wenig und in vielen Fällen will er von ihm auch nichts wissen, denn der Explosionsmotor ist eine neue Sache, und gerade deshalb soll man sich mit einer neuen Sache beschäftigen und nicht mit allgemeinen Bemerkungen ihn abtun ... Ein gut bedienter Benzinmotor stinkt nicht, es ist dies allemal ein Zeichen von schlechtem Benzin und von verkehrter Ölung, zumal wenn dieses in den Kompressionsraum kommt und da unvollständig verbrennt. So hätte ich denn nun wenigstens in großen Zügen die Wesen der 3 in Betracht kommenden Motorarten in den Hauptpunkten berührt, welches System nun als das geeignete bei der Hamburger Feuerwehr befunden werden wird, mögen die sachgemäß anzustellenden Versuche ergeben.«

Die Motorisierung verlief einige Jahre mehrgleisig, wie aus der Statistik der Jahre 1902 bis 1913 hervorgeht:

Antrieb	Batterie elektrisch	Benzin-motor	Benzin-elektrisch	Dampf	Zusammen
1902	3	–	–	1	4
1903	5	–	–	3	8
1904	7	1	–	7	15
1905	8	2	–	11	21
1906	16	5	–	16	37
1907	27	10	–	17	54
1908	42	14	–	20	76
1909	63	20	1	22	106
1910	94	42	1	18	155
1911	118	67	4	20	209
1912	118	77	12	19	226
1913	135	143	19	16	313

Ab etwa 1909 machte die Verbreitung des Benzinmotors Fortschritte, während der Dampfantrieb langsam zurückging. Spitzenreiter war und blieb bis zum 1. Weltkrieg jedoch der Batterie-elektrische Antrieb.

Die Firma Carl Metz, 1842 gegründet, entwickelt von 1906 bis 1908 eine »Automobil-Feuerspritze« anstelle einer Dampfspritze oder »Gasspritze«. Die im Heck eingebaute Kreiselpumpe (Fabrikat Sulzer) wird vom Fahrmotor angetrieben. Ein 750 Liter-Wassertank mit Schlauchanschluß ist fest eingebaut. Dieser Wagen mit Benz-Fahrgestell und 40 PS-Benzinmotor wies alle technischen Merkmale der heutigen Tanklöschfahrzeuge auf und gilt somit als erster Vertreter dieser Gattung: Auf dem Deutschen Feuerwehrtag in Nürnberg 1909 wurde er der staunenden Fachwelt vorgestellt.

Die Betriebssicherheit des Benzinmotors wuchs im Laufe der Zeit, zumal inzwischen tausende von Motorwagen gebaut worden waren. Der Bestand betrug in Deutschland am 1. 1. 1912 schon 70006 Kraftfahrzeuge, davon 43162 Personenwagen, 6687 Lastwagen und 20157 Motorräder. Die Entwicklung der Feuerwehrfahrzeuge blieb ja bis auf den heutigen Tag eng verbunden mit dem Bau von Lastkraftwagen.

Bei Ausbruch des 1. Weltkrieges war der Streit um die bestmögliche Antriebsart entschieden – eindeutig zu Gunsten des Benzinmotors. Der Krieg unterbrach jedoch die Umrüstung und weitere Entwicklung. So konnte man beispielsweise in Hamburg erst im Jahre 1925 die letzten Pferde abschaffen, bei der Berliner Feuerwehr sogar noch zwei J ahre später. Die Vollmotorisierung der deutschen Feuerwehren, der »Siegeszug der Kraftspritzen«, war nun vollzogen.

Dampfantrieb

Unter den drei Fahrzeugen des ersten Automobilen Löschzuges der Welt, den der Branddirektor Reichel 1901 geschaffen hatte, befand sich auch eine dampfangetriebene »Spritze«. Die Dampfmaschine diente ja schon länger zum Antrieb der Pumpen auf den pferdegezogenen Wagen. Mit deren Bedienung war der Feuerwehrmann also vertraut. Selbstfahrende »Löschfahrzeuge« mit Dampfantrieb bauten zur damaligen Zeit folgende Firmen:

- C. D. Magirus, Ulm
- E. C. Flader, Jöhstadt/Sachsen
- Wagenbauanstalt u. Waggonfabrik für elektr. Bahnen (vorm. W. C. F. Busch), Bautzen
- Nürnberger Feuerlöschgeräte- u. Maschinenfabrik AG. vorm. Justus Christian Braun, Nürnberg

Der Kessel wurde an der Feuerwache mit Heizgas oder Leuchtgas, auf der Fahrt und an der Brandstelle mit Petroleum beheizt. Der Fahrbereich betrug bei den einzelnen Fabrikaten etwa 25 bis 60 km, was ausreichte. Die Geschwindigkeit der ausschließlich mit Hinterradantrieb konstruierten Fahrzeuge belief sich auf 25 bis 35 km/h.

Batterie-elektrischer Antrieb

Die Einführung des Batterie-elektrischen Antriebes bei der Feuerwehr geht auf die Firma Lohner (Wien) und ihren Konstrukteur Ferdinand Porsche zurück. Auf der Pariser Weltausstellung 1900 erregte ihr Elektrofahrzeug beträchtliches Aufsehen. Bald lieferte Lohner elektromobile Lastwagen. Omnibusse und vor allem Feuerwehrfahrzeuge nach System »Lohner-Porsche« in verhältnismäßig großer Zahl, wobei er sich die elektrischen Aggregate von einer Wiener Spezialfirma besorgte. Im Deutschen Reich hat die Herstellung dieser Fahrzeuge die Motorfahrzeug- und Motorenfabrik AG. Berlin-Marienfelde übernommen, die 1902 in die Daimler-Motoren-Gesellschaft aufging. In Marienfelde wurden allerdings nur die Fahrgestelle gebaut, während die Aufbauten von der Firma Kühlstein (Berlin) stammten. Dabei waren die auftraggebenden Städte damals so sparsam, daß die vorhandenen Dampfspritzen und Schapler-Leitern auf den neuen Fahrzeugen weiter verwendet werden mußten.

Die im »Hydrantenwagen« und in der »Gasspritze« des ersten Automobilen Löschzuges (Hannover 1902) verwendeten Radnabenmotoren – vierpolige Hauptstrommotoren – waren in die Hinterräder eingebaut und leisteten je 2,5 PS bei 79 Volt. Die Batterien befanden sich unter der Vorderhaube.

1906 verkaufte Lohner seine Patente an die Österreichische Daimler-Motoren-Gesellschaft (Wiener-Neustadt), an der wiederum die Daimler-Motoren-Gesellschaft (Stuttgart) maßgeblich beteiligt war. Der Antrieb über Radnabenmotoren hatte sich inzwischen (auch im Ausland) weit verbreitet. Folgende deutsche Firmen stellten Batterie-elektrische Antriebssysteme her:

- Wagenbauanstalt und Waggonfabrik (vorm. W. C. F. Busch), Bautzen
- Nürnberger Feuerlöschgeräte- und Maschinenfabrik AG. vorm. Justus Christian Braun, Nürnberg (nach Patent Balachowsky & Caire)
- Daimler-Motoren-Gesellschaft, Berlin-Marienfelde (Patent Lohner-Porsche)
- Elektromobilwerke Heinrich Scheele, Köln
- E. C. Flader, Jöhstadt (System Namag)
- Protos (Siemens-Schuckert-Werke) Berlin.

Überwiegend wurden die beiden Vorderräder angetrieben, seltener die Hinterräder, doch herrschten auch hier Meinungsverschiedenheiten darüber, welche Räder zweckmäßig angetrieben werden sollten. Die Leistungen der Radnabennmotoren betrugen je 2,5 bis 7,5 PS, die erzielbaren Geschwindigkeiten 16 bis 30 km/h. Der Fahrbereich bis zum nächsten Batteriewechsel lag bei 25 bis höchstens 60 km. Die Batterien, deren Kapazität bei 96 bis 256 Ampèrestunden lag, waren gewöhnlich unter der vorderen Haube untergebracht, bei manchen Fabrikaten auch unter den Sitzen oder in einem Kasten zwischen den beiden Achsen. Die Anker der Elektromotoren waren in die Vorderräder eingebaut, die Feldmagnete starr auf der Achse befestigt.

Ein für moderne Begriffe recht seltsames Gebilde stellte der elektro-mobile Schleppzug dar. Wie heute oft beim Abschleppen von Personenwagen üblich, wurden die Vorderräder einer Dampfspritze von einem Elektrofahrzeug hochgenommen, und so rollte man auf 3 Achsen zum Feuer. Sparsame Stadtväter brauchten auf diese Weise die noch betriebsgeeigneten Dampfspritzen auf. Damals warf man eben das Geld noch nicht so zum Fenster hinaus, wie es heute oft genug geschieht.

Benzin-elektrischer Antrieb

Auch diese Antriebsart ist eine Idee von Ferdinand Porsche gewesen. Das »Mixed«-Prinzip war technisch einfach: Ein Benzinmotor trieb einen Generator an, der den Strom für die Radnabenmotoren erzeugte. Der Generator konnte außerdem zur Speisung von Scheinwerfern eingesetzt werden, so daß eine gute Beleuchtung der Brandstelle gesichert war.

Die Firma Braun in Nürnberg baute für die Berufsfeuerwehr Elberfeld (starke Steigungen im Stadtgebiet!) sogar Radnabenmotoren für alle 4 Räder, also schon einen Allradantrieb.!

Einen Durchbruch konnte diese ab 1908 angewandte Antriebsart jedoch nicht erzielen. Schließlich war der Benzinmotor so zuverlässig geworden, daß der »Umweg« des Leistungsflusses über einen Generator als zu umständlich erschien. Von den noch vor dem ersten Weltkrieg beschafften 12 benzin-elektrischen Fahrzeugen der Hamburger Feuerwehr wurden die letzten erst im Jahre 1938 ausgemustert.

Benzinmotor

Das erste »richtige« Feuerwehrfahrzeug mit Benzinmotor war ein umgebauter Adler-Motorwagen, der 1901 auf der Internationalen Feuerwehrausstellung in Berlin gezeigt wurde. Aber keine Feuerwehr wollte ihn haben. Noch 1907 schrieb ein skeptischer Zeitgenosse:

> »... Offen gestanden: eine große Zukunft möchten wir dem Explosionsmotor für Feuerwehr-Automobile auch heute noch nicht prophezeien.«

Die Zulassungsstatistik dieses Jahres verzeichnete ganze vier Benzinautomobile, und zwar

- eine Gasspritze der Süddeutschen Automobilfabrik Gaggenau für die Feuerwehr Grunewald (bei Berlin)
- einen »Officierswagen« von Opel für die Hamburger Feuerwehr
- einen »Samariterwagen« und einen Vortruppwagen der Automobilfabrik Otto Beckmann & Co., Breslau, für die Berufsfeuerwehr Breslau.

Besonders der Hamburger »Officierswagen« erregte damals beträchtliches Aufsehen. Er war der erste »Einsatzleitwagen« nach heutigen Begriffen, dazu bestimmt, den leitenden Oberbeamten zur Brandstelle zu bringen. Das zinnoberrot lackierte Opel-Phaeton 24/40 PS war das erste Hamburger Behördenauto überhaupt und kostete damals schon 14000 Goldmark. Im Jahre 1908 legte dieser Wagen 8645 km zurück.

Die Zahl der Benzinmotor-Feuerwehrfahrzeuge stieg nun stetig bis auf 143 im Jahre 1913. Dann gab es infolge des Weltkrieges zwangsläufig eine Unterbrechung.

In den zwanziger Jahren hatte die deutsche Feuerwehrfahrzeug-Industrie einen außerordentlich guten Ruf. Eine Aufzählung der damals wichtigsten Hersteller von Benzinmotor-Fahrgestellen für die Feuerwehr enthält Namen, die heute längst vergessen sind:

- Adlerwerke vorm. Heinrich Kleyer AG., Frankfurt
- Süddeutsche Automobilfabrik GmbH., Gaggenau (später: Benz-Werke, Gaggenau)
- Berliner Motorwagenfabrik, Berlin-Reinickendorf
- Automobilwerke H. Büssing, Braunschweig
- Daimler-Motoren-Gesellschaft, Berlin
- Dürrkopp-Werke AG., Bielefeld
- Hansa-Lloyd AG., Bremen
- C. D. Magirus AG., Ulm
- M.A.N.-Saurer Lastwagen-GmbH.. Nürnberg
- Mulag-Motoren- und Lastwagen-AG., Aachen
- NAG Nationale Automobilgesellschaft AG., Berlin-Oberschöneweide
- Norddeutsche Automobil- und Motoren-AG. (Namag), Bremen
- Adam Opel, Rüsselsheim

Überland-Motorspritze

Im Jahre 1903 machte Branddirektor Reichel den Vorschlag, sogenannte Überland-Motorspritzen für die Überlandhilfe einzuführen, um den bei größeren Feuern auf dem Lande stets auftretenden Wasserversorgungsschwierigkeiten abzuhelfen. Dem damaligen Stand der Technik entsprach der Dampfantrieb. Erst 1910 konnte Reichel in Berlin seine Idee, die bei den Freiwilligen Feuerwehren durchaus nicht auf Wohlwollen gestoßen war, in die Tat umsetzen. Ein Daimler-Fahrzeug mit 32 PS-Motor und 3800 kg Gesamtgewicht rüstete er mit einer »Rundlaufpumpe« aus. Dann unterzog er das Fahrzeug einer bis dahin nicht gekannten Belastungsprobe: vom 27. bis 30. Juni 1911 fuhr er – fast immer alarmmäßig – von Berlin nach Kassel, Hannover, Bremen, Hamburg und wieder nach Berlin, insgesamt 1073 km. Es wurden Durchschnittsgeschwindigkeiten zwischen 16 und 35 km/h erreicht. Es gab keine

Ausfälle. Reichel war zufrieden, lediglich die Motorleistung war mit 32 PS zu niedrig, sie wurde daraufhin auf 42 PS erhöht. Mit diesem verbesserten, leider auch schwerer gewordenen Wagen legte er im selben Jahr die 1 404 km lange Strecke Berlin-Nürnberg-Wiesbaden-Berlin zurück, mußte hierbei aber feststellen, daß die Luftbereifung den Beanspruchungen nicht gewachsen war, weshalb er sich gezwungen sah, zur Vollgummibereifung zurückzukehren. Aber insgesamt bestand kein Zweifel mehr, daß Überlandlöschhilfe mit schweren Motorfahrzeugen möglich war.

Daraufhin stellten Gotha und Dessau die ersten Überlandspritzen in Dienst, für die ein Schutzkreisdurchmesser von 50 km galt. Aber erst ab 1920 gewann das Überland-Löschfahrzeug nun mit Sitzen in Fahrtrichtung und geschlossenen Seitenteilen an Bedeutung.

Die Firma Justus Christian Braun in Nürnberg, aus der später die Faun-Werke hervorgingen, war gegen Ende des vorigen Jahrhunderts eine der größten Feuerwehrgerätefabriken Deutschlands. Man beschäftigte bereits mehr als 300 Arbeiter und Angestellte. Braun brachte 1890 eine der ersten Dampfspritzen Europas heraus, von der insgesamt 9 Stück gebaut wurden.

Wagenbauanstalt und Waggonfabrik

für elektrische Bahnen

(vorm. W. C. F. Busch) Aktien-Gesellschaft

Abteilung für Spritzenbau

BAUTZEN i. S.

Spezialität:

Dampffeuerspritzen für Städte jeder Grösse und industrielle Anlagen aller Art, stationär und transportabel.

Elektrische Spritzen, Kohlensäuredruckspritzen, Benzinmotorspritzen, Gartenspritzen etc. in verschiedenen Grössen, für Pferdebespannung und Automobil.

Kohlen-, Schlauch- und Mannschaftswagen, für Pferdebespannung und Automobil.

Schläuche, Patentschlauchkuppelungen, Strahlrohre, Verteilungsschieber etc.

General-Repräsentanten und Alleinfabrikanten aller Erzeugnisse der Deutschen Magnalium-Gesellschaft für Feuerlöschwesen, Strassenreinigung und öffentliche Wasserleitung.

General-Repräsentanz und Verkaufsstelle der von der Firma J. S. Fries Sohn, Frankfurt a. M. fabrizierten Pneumatischen Rettungsleiter „Rackete" D. R. P. 72757 System Schapler.

Interessenten erhalten Kataloge auf Verlangen kostenfrei zugesandt.

Busch (Bautzen) gehörte in der Zeit um die Jahrhundertwende zu den bedeutendsten Maschinen- und Waggonfabriken im Deutschen Reich. Auch auf dem Gebiet des Feuerwehrwesens bot das Unternehmen ein reichhaltiges Lieferprogramm, wie dieses Inserat aus dem Jahre 1901 ausweist.

C. D. Magirus (Ulm) begann mit dem Bau automobiler Dampfspritzen im Jahre 1902. Hier ist eins der ersten Exemplare, noch eisenbereift. Konstrukteur: Oberingenieur Josef Steinhauer.

1904 baut Magirus für die Kölner Feuerwehr einen automobilen Löschzug, der aus der Dampfspritze (Bild rechts) und der Drehleiter (Bild unten) besteht.

Die Autodrehleiter des Kölner Löschzuges besaß einen automatisch petroleumbeheizten Dampfkessel und drei Dampfmaschinen: Jeweils eine für die Fortbewegung, das Aufrichtgetriebe und das Ausziehgetriebe. Gedreht wurde die 22 + 2 Meter messende Leiter von Hand.

Dampfautomobile Magirus-Dampfspritze (1907). Leistung etwa 2000 Liter/min. Geliefert u. a. an die Berufs-Feuerwehren Köln, Mannheim, München und Straßburg.

1908 lieferte Magirus diese 25 Meter Autodrehleiter an die Feuerwehr in Essen. Man beachte den vom Beifahrer betätigten Richtungsanzeiger, der ähnlich wie ein Eisenbahnsignal aussieht.

Dampfautomobilspritze Busch (Bautzen) der Werkfeuerwehr von Bayer-Leverkusen aus dem Jahr 1911. Leistung 2675 Liter/min. Leergewicht 6100 kg, Gesamtgewicht 6475 kg. Preis 36 500 Mark.

Elektromobiler Mannschaftswagen mit 430 Liter Gasspritze und zwei 13 PS Radnaben-Motoren, 1906 geliefert von der Firma Braun (Nürnberg) für den elektromobilen Löschzug der Feuerwehr Charlottenburg bei Berlin.

Elektromobile Teleskopleiter mit 26 Meter Steighöhe und zwei 13 PS Radnaben-Motoren, 1906 geliefert von der Firma Braun (Nürnberg) für den elektromobilen Löschzug der Feuerwehr Charlottenburg bei Berlin.

Elektromobile Dampfspritze mit 2500 Liter Leistung und zwei 13 PS Radnaben-Motoren, 1911 geliefert von der Firma Braun (Nürnberg) für den elektromobilen Löschzug der Feuerwehr Charlottenburg bei Berlin.

Elektromobiler Löschzug der Feuerwehr Charlottenburg bei Berlin.

Gasspritze Daimler-Elektro mit zwei 15 PS Radnaben-Motoren, 1905 bis 1924 bei der Wiener Feuerwehr im Dienst.

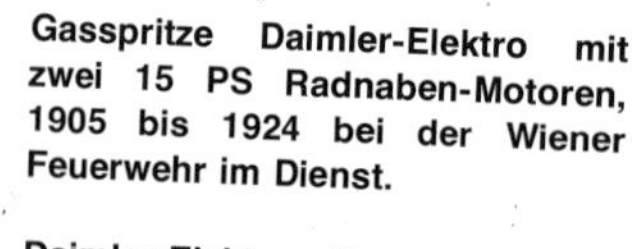

Daimler-Elektro mit pneumatischer 26 Meter-Leiter und zwei 15 PS Radnaben-Motoren, 1907 bis 1924 bei der Wiener Feuerwehr.

Die Firma Gottfried Hagen (Köln-Kalk), heute wie damals schon bekannt als Akkumulatoren-Fabrik, lieferte 1911 bis 1913 an die Kölner Feuerwehr 3 Motorspritzen, 1 Drehleiter und 1 Gasspritze. (Bild: Elektromobile Gasspritze). Eigenes Produkt war im wesentlichen die 80 Zellen-Batterie, während die Mechanik und vor allem die beiden 18 PS Radnaben-Motoren von Scheele stammten.

1908 stellte die Berliner Feuerwehr ihren ersten elektromobilen Vierfahrzeug-Löschzug in Dienst, bestehend aus benzin-elektrischer Spritze (Bild rechts), Dampfspritze, Drehleiter und Gerätewagen. Die Fahrgestelle von Daimler (Berlin-Marienfelde) besaßen Radnaben-Antrieb nach dem System Lohner-Porsche.

25 Meter Steighöhe erreichte die eiserne Teleskop-Drehleiter des elektromobilen Löschzuges der Berliner Feuerwehr. Der Fahrbereich betrug etwa 50 km bei 30 km/h Geschwindigkeit.

Der Gerätewagen des elektromobilen Löschzugs der Berliner Feuerwehr.

Elektromobile Braun-Dampfspritze der Firma Justus Chr. Braun AG. (Nürnberg). Pumpenleistung 1500 Liter/min. Radnabenmotoren in den Vorderrädern. Etwa 1908, geliefert u. a. nach Leipzig.

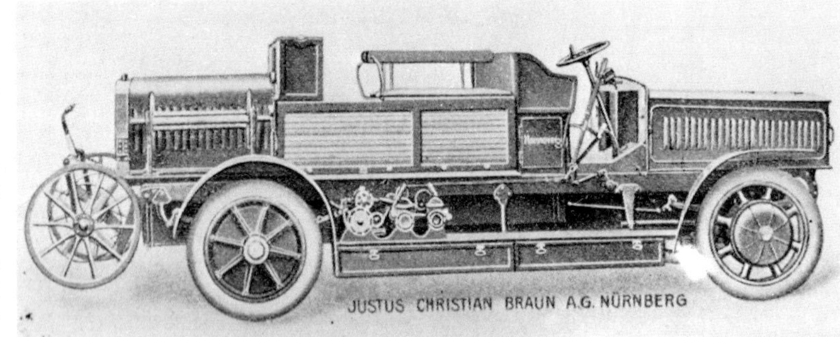

Elektromobiler Mannschaftswagen mit Rundlauf-Pumpe der Firma Braun (Nürnberg). Etwa 1908.

Elektromobile Nürnberger Balance-Drehleiter der Firma Braun (Nürnberg). Steighöhe 24 Meter, Auszug elektrisch. Etwa 1908.

Berufsfeuerwehr Crefeld 1909: 450 Liter-Gasspritze auf Namag Elektro-Fahrgestell und Aufbau von Flader (Jöhstadt). Zwei 15 PS Radnaben-Motoren. Fahrbereich 105 km.

Berufsfeuerwehr Crefeld 1909: 1500 Liter-Dampfspritze auf Namag Elektro-Fahrgestell und Aufbau von Flader (Jöhstadt). Zwei 15 PS Radnaben-Motoren. Fahrbereich 105 km.

NAG (Neue Automobil-Gesellschaft, Berlin-Oberschöneweide) lieferte 1911 bis 1913 an die Branddirektion Neukölln 1 Gasspritze (Busch-Bautzen), die abgebildete Kießlich-Drehleiter und 1 Tender. 84 Zellen-Batterie von AAG (Allgemeine Akkumulatoren-Fabrik) und 2 AEG Radnaben-Motoren.

Das ist die beim vorhergehenden Bild erwähnte NAG Elektromobil-Gasspritze.

Elektromobile Dampfspritze mit angehängtem Schlauchwagen

Elektromobiler Rüstwagen der Münchener Feuerwehr (1906)

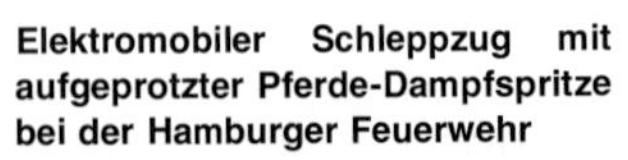

Elektromobiler Schleppzug mit aufgeprotzter Pferde-Dampfspritze bei der Hamburger Feuerwehr

Erste Drehleiter von Magirus auf Benzinmotor-Fahrgestell. Sie wurde auf ein britisches Morris-Fahrgestell montiert und 1906 nach Kapstadt (Südafrika) geliefert. Das Aufrichten und Drehen der 26 Meter hohen Leiter erfolgte von Hand, das Ausziehen mittels eines Kohlensäure-Motors.

Bild links: Das erste deutsche Feuerwehrfahrzeug mit Benzinmotor war dieser Adler-Motorwagen 1901. Aber keine Feuerwehr wollte ihn haben!

Bild oben rechts: Stoewer Elektromobil 1902 für die Stettiner Feuerwehr. Ein zweites Exemplar ging an die Feuerwehr Kopenhagen.

Kleiner 6/12 PS Stoewer Vierzylinder-Tourenwagen, 1908 geliefert an die Stettiner Feuerwehr.

Das erste Behörden-Auto in Hamburg war das 1907 für die dortige Feuerwehr gelieferte »Offiziersautomobil«: Ein 24/40 PS Opel Phaeton für immerhin schon 14 000 Goldmark!

Die Daimler-Motoren-Gesellschaft baute im Werk Berlin-Marienfelde ab 1907 »benzinautomobile« Feuerspritzen.

Büssing Benzin-Fahrzeug 1906 der Berufsfeuerwehr Braunschweig als »Tender« mit 2 Schlauchhaspeln. Beim Einsatz diente das Fahrzeug gleichzeitig als Zugwagen der Pferde-Dampfspritze oder der Pferde-Drehleiter.

Die BF Braunschweig schaffte sich 1908 als erste Feuerwehr in Deutschland eine Drehleiter auf Benzinmotor-Fahrgestell an. Es war ein Büssing mit 26 Meter Holzleiter von Magirus. Das Aufrichten erfolgte von Hand, der Ausschub mittels Kohlensäure-Druck. 32 PS Vierzylinder-Motor. Gesamtgewicht 6280 kg.

Schlauchwagen aus der Zeit um 1910. Dieser Daimler war sicherlich eines der ersten Fahrzeuge dieser Art.

Breslau 1909: Gasspritze auf Daimler 3 to-Fahrgestell

Hansa-Lloyd Automobil-Feuerspritze, etwa 1910

Etwa 1910 begann Opel (Rüsselsheim) mit der Fabrikation von Automobil-Feuerspritzen. Verwendet wurde das Fahrgestell des 3 to-Lastwagens mit 40 PS Vierzylinder-Benzinmotor. Geschwindigkeit bis 40 km/h. Die Hochdruck-Zentrifugalpumpe, eingebaut unter den hinteren Sitzbänken. leistet bis 2000 Liter/min und bis 15 Atmosphären Druck. Opel baute Feuerspritzen in ziemlich großer Zahl bis etwa 1924.

Handbetätigte Automobildrehleiter mit Zentrifugalpumpe der Firma Carl Metz auf Daimler Benzinmotor-Fahrgestell, geliefert 1912 an die Feuerwehr Karlsruhe.

Mannesmann-Mulag 1912 als Feuerspritze mit Hochdruck-Zentrifugalpumpe bei der Feuerwehr in Bonn

MAN/Saurer (Baujahr vermutlich 1919) als Überland-Motorspritze der Münchener Feuerwehr. – Für die Antriebsräder vollgummibereifter Nutzfahrzeuge gab es damals Schweinsleder-Überzüge mit Spikes, um bei Schnee oder Eis besser voranzukommen.

Feuerspritze der Feuerwehr in Beuthen (Oberschlesien) 1913: Fahrgestell Daimler 3 to, Aufbau Ewald (Küstrin), Sulzer-Pumpe.

Die Stadt Görlitz erhielt 1914 die erste Drehleiter mit maschinellem Antrieb für das Aufrichten und Ausziehen der 22 + 3 Meter langen Leiter. Diese Magirus K 15 ist auf einem Daimler-Fahrgestell aufgebaut.

1916 lieferte Magirus die erste benzin-automobile Drehleiter der Welt mit direktem Antrieb für alle Leiterbewegungen (Aufrichten, Ausziehen und Drehen) vom Fahrmotor aus. Die 25 Meter hohe Autodrehleiter K 16 wurde auf ein Saurer-Fahrgestell montiert. Besteller war die Feuerwehr Chemnitz.

Magirus (Ulm) hatte 1916 damit begonnen, außer Feuerwehrgeräten auch Lastkraftwagen zu bauen. Während die Firma vorher nur Feuerwehrfahrzeuge auf Fahrgestellen anderer Marken lieferte, ging im Mai 1918 der erste komplett im eigenen Werk hergestellte Wagen an die Feuerwehr Rottweil. Es war ein Magirus Typ 3 CS mit 70 PS-Benzinmotor als Autospritze.

Die MAN (Nürnberg) hatte ebenfalls im Jahre 1916 den Lastwagenbau aufgenommen und lieferte ab 1919

auch Feuerwehrfahrzeuge. Im Bild eine der ersten MAN Autospritzen.

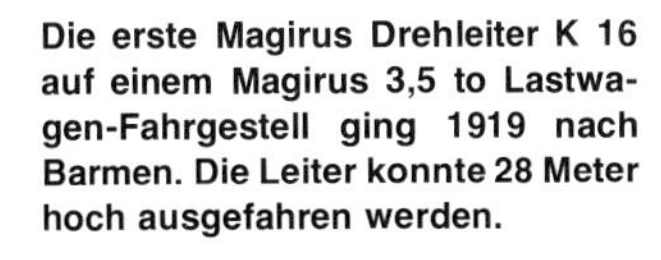

Die erste Magirus Drehleiter K 16 auf einem Magirus 3,5 to Lastwagen-Fahrgestell ging 1919 nach Barmen. Die Leiter konnte 28 Meter hoch ausgefahren werden.

Die Dresdner Feuerwehr bekam 1921 diesen Daimler DC 3 dF mit 25 Meter Kießlich Dreimotoren-Drehleiter. Je 1 Elektromotor zum Aufrichten, Drehen und Ausziehen der Leiter. Dynamo im Fahrgestell.

Danzig 1926: Daimler DC 3 dF (60 PS, Bohrung x Hub 120 x 160 mm) mit Metz Abprotz-Leiter und Amag-Hilpert-Pumpe. Wiederum ein typisches Beispiel für den vorbildlichen Sparwillen damaliger Behörden!

Ganz ähnlich: Magirus Typ 3 C als Autospritze mit 2000 Liter-Pumpe und 25 Meter Aufprotz-Leiter. Geliefert im Jahre 1921.

Bis etwa 1924 baute Opel Automobil-Feuerspritzen. Nach dem ersten Weltkrieg geschah dies auf dem Fahrgestell des 3 bis 4 to »Regel-Lastwagens«. Abgebildet ist eines der letzten Fahrzeuge dieser Art, das noch lange Zeit bei der Opel Werksfeuerwehr Dienst tat.

Schlauchwagen der Berliner Feuerwehr, der etwa 1920 von Daimler gebaut worden sein dürfte.

Berliner Automobil-Ausstellung Herbst 1921: Magirus Überland-Autospritze mit 800 Liter-Pumpe auf luftbereiftem 34 PS 1,5 to-Fahrgestell.

MAN-Saurer von etwa 1918/19 mit Kaiser-Leiter bei der Münchener Feuerwehr.

MAN Autospritze 1922 der Berufsfeuerwehr Augsburg, die aus der ersten und ältesten, 1849 gegründeten Feuerwehr Bayerns hervorging.

MAN 1922 mit 28 Meter Magirus-Leiter K 16 der Berufsfeuerwehr Augsburg.

Büssing von etwa 1924/25 mit Kohlensäure-Gasspritze und 400 Liter-Wassertank der Berufsfeuerwehr Braunschweig.

Magirus Typ 3 C Autospritze »Ulm« 1924

Daimler von etwa 1925/26 als Autospritze der Freiwilligen Feuerwehr Beuel bei Bonn.

Aus dem Jahre 1926 stammt der Dixi Mannschaftswagen mit angehängter, serienmäßiger Dixi Motorspritze. Dixi Feuerwehrfahrzeuge waren damals in Thüringen ziemlich verbreitet.

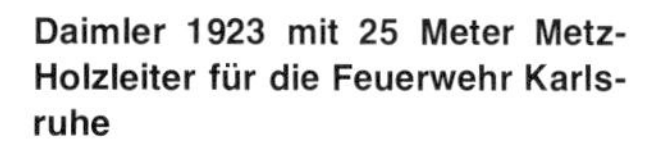

Daimler 1923 mit 25 Meter Metz-Holzleiter für die Feuerwehr Karlsruhe

Wasserrettungswagen der Stuttgarter Feuerwehr, ein Benz 1 CN (4 Zylinder, 4,7 Liter, 35 PS) von etwa 1925/26

Den ersten Rettungswagen Deutschlands erhielt 1926 die Berliner Feuerwehr. Es war ein Magirus mit Druckluftbremsen und Luftreifen. Das Fahrzeug war für Sauerstoffapparate-Einsätze aller Art ausgerüstet. Es wurde für Brennschneidearbeiten ebenso eingesetzt wie für Atemschutz gegen Rauch oder Wasser.

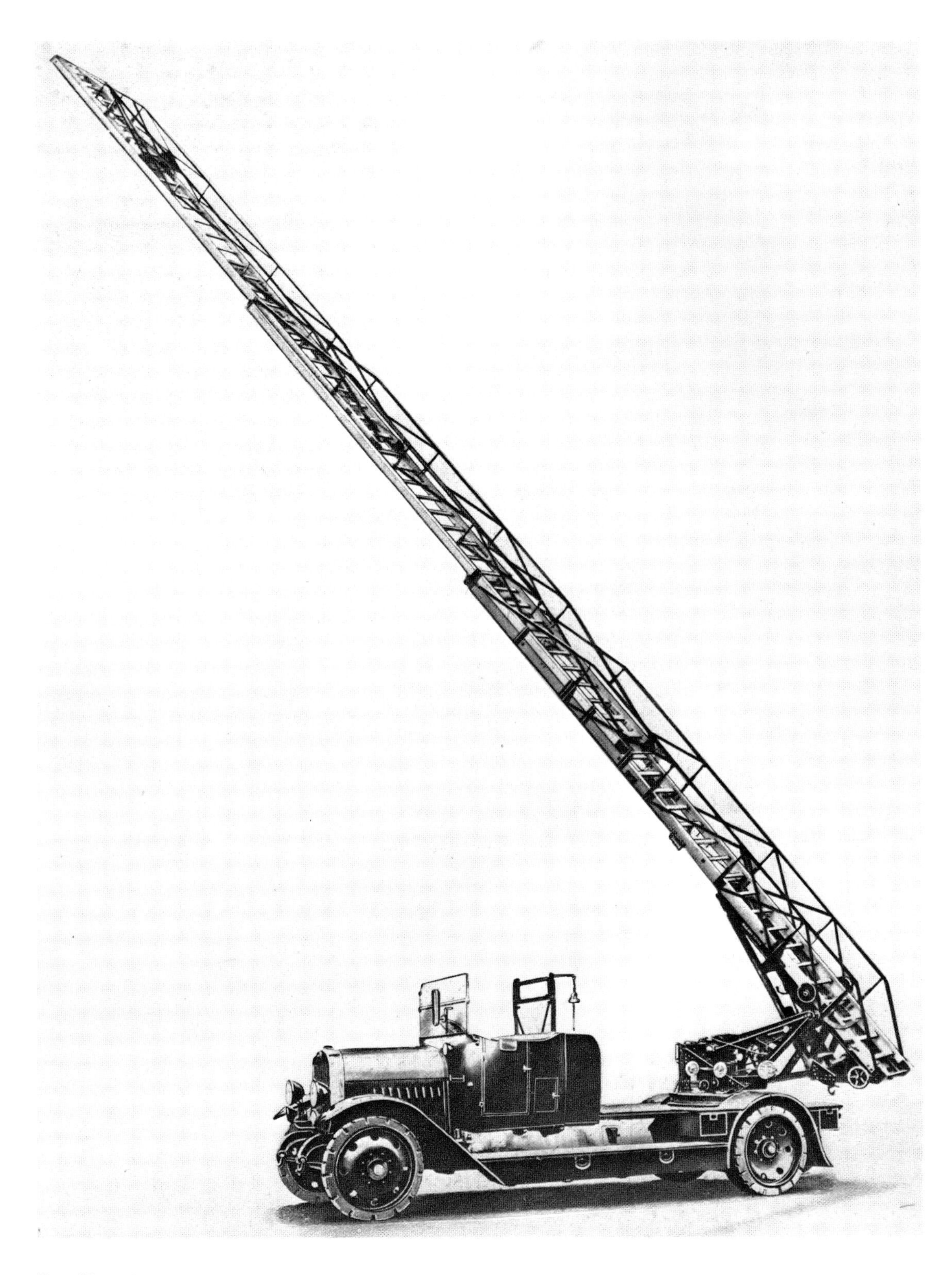

Daag (Deutsche Last-Automobilfabrik AG. in Ratingen-Düsseldorf) war damals eine angesehene Lastwagenmarke. Die Firma bot auch Kommunal- und Feuerwehrfahrzeuge an. Von etwa 1927 stammt dieser Daag mit 28 Meter Magirus-Drehleiter K 16.

1925 an die Feuerwehr der Stadt Goslar geliefert: Krupp 2 to mit Ewald-Aufbau und Ewald Zweirad-Motorspritze (28 PS Selve-Motor)

Löschzug für Strausberg bei Berlin, geliefert 1925: Hansa-Lloyd mit Ewald Aufbau und Ewald Zweirad-Motorspritze (28 PS Selve-Motor)

Metz-Leiter auf Faun-Fahrgestell 1925

Benz 10/30 PS von etwa 1925 der Stuttgarter Feuerwehr

Opel 1928 mit 12/50 PS Sechszylinder-Motor und 1000 Liter-Vorbaupumpe

Ein 12/50 PS Opel als eines der ersten Trockenlöschfahrzeuge

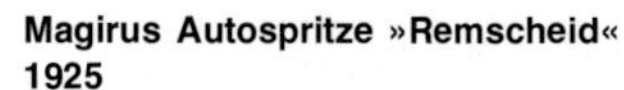

Magirus Autospritze »Remscheid« 1925

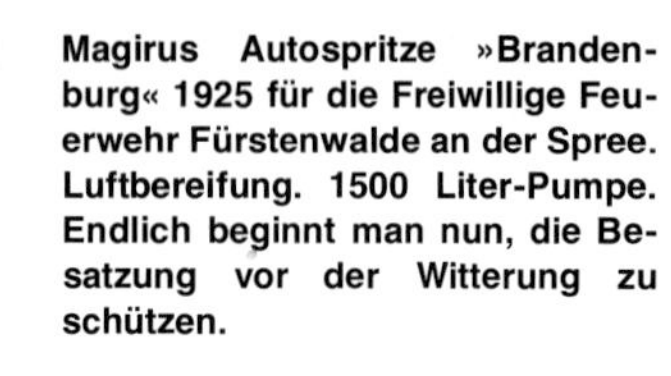

Magirus Autospritze »Brandenburg« 1925 für die Freiwillige Feuerwehr Fürstenwalde an der Spree. Luftbereifung. 1500 Liter-Pumpe. Endlich beginnt man nun, die Besatzung vor der Witterung zu schützen.

Faun Mannschafts- und Spritzenwagen 1926 für die Freiwillige Feuerwehr Würzburg. Er hat sogar schon ein festes Dach mit herablaßbaren Seitenteilen aus Verdeckstoff und Cellonscheiben.

1928 bis 1938: Die Feuerwehrfahrzeuge werden modern

Etwa um 1930 vollzog sich ein bedeutsamer Wandel im Schwerlastwagenbau. Die Luftbereifung löste die Elastikbereifung ab. Die Öl- oder Luftdruckbremse trat an die Stelle der mechanischen Bremse. Bei den Feuerwehrfahrzeugen aber waren vor allem die Aufbauten endlich vollkommen geschlossen. Erst der extrem strenge Winter von 1928/29, in dem sich zahlreiche Feuerwehrmänner Erfrierungen zugezogen hatten, mußte die letzten Befürworter einer »Abhärtung« der Feuerwehrmänner überzeugen, daß nur ein geschlossener Mannschaftsraum ausreichend Wetterschutz bieten konnte. Die Berliner Feuerwehr beschaffte daher als erste ab Ende 1930 vollständig geschlossene Löschfahrzeuge. Außerdem waren die Mannschaftssitze von nun an quer zur Fahrtrichtung angeordnet, die Längssitzbänke verschwanden.

Eine weitere wichtige Neuerung: der Dieselmotor verdrängte bei den schweren Lastwagen den Ottomotor. Das ging nicht ohne Widerstand bei der Feuerwehr von sich: Wiederum erhitzten sich die Gemüter an der Antriebsfrage. Die Verwendung von Dieselmotoren in Feuerwehrfahrzeugen wurde schließlich durch Runderlaß des Reichs- und Preußischen Ministers des Innern und des Reichsministers der Luftfahrt vom 22. 8. 1935 angeordnet:

> »... Es ist vielmehr erforderlich, daß Feuerwehrfahrzeuge, z. B. Kraftfahrspritzen, Kraftfahrdrehleitern, Schlauchwagen usw. unter weitestgehender Verwendung handelsüblicher Lastkraftwagenfahrgestelle gebaut werden, die bei einer Rahmentragfähigkeit von 3,0 und mehr Tonnen allgemein mit Dieselmotoren ausgerüstet werden. Der Dieselmotor muß z. Z. auch als Antriebsart angesehen werden, die der Entwicklung der einheimischen Treibstoffversorgung die geringsten Einschränkungen auferlegt.«

Damit war die Diskussion über das Für und Wider des Dieselmotors beendet.

Der letzte Großauftrag vor dem Erlaß über die Verwendung von Dieselmotoren wurde 1931 bis 1935 von der Berufsfeuerwehr Dresden erteilt. Er ist aus mehreren Gründen bemerkenswert. Die Fahrgestelle der 9 Löschfahrzeuge, 6 Drehleitern und 3 Schlauchwagen waren einheitlich. Es wurden modifizierte Mercedes-Benz-Niederrahmenchassis mit 5800 kg Tragfähigkeit verwendet. Geradezu sensationell muß die Leistung der V 12 Maybach-(Vergaser!) Motoren zur damaligen Zeit erschienen sein: 150 PS! Das ergab bei den 9 t schweren Fahrzeugen ein Leistungsgewicht von 16,7 PS/t – mehr als heutige Löschfahrzeuge haben (12 bis 15 PS/t). Die »Dresdener Löschzüge« waren die letzten maßgeschneiderten Fahrzeuge. Bald darauf wurden den deutschen Feuerwehren die getypten Fahrzeuge verordnet.

Kraftfahrdrehleitern

Kraftfahrdrehleitern – oder kurz Drehleitern genannt – werden von der Bevölkerung seit je als der Inbegriff eines Feuerwehrfahrzeuges angesehen. Diese in erster Linie für die Rettung von Menschen bestimmten Sonderfahrzeuge erfordern hohen technischen Bauaufwand und stellen große Anforderungen an den sie bedienenden Feuerwehrmann.

Schon vor der Motorisierung der Feuerwehren wurden Drehleitern gebaut, die von Hand betrieben werden mußten. Nach Einführung des Verbrennungsmotors als Fahrantrieb erfolgte der Drehleiterantrieb noch lange Zeit entweder elektromotorisch, pneumatisch, durch Dampfdruck, durch Kohlensäuredruck oder von Hand. Mindestens neun Firmen bauten in Deutschland bis zum ersten Weltkrieg Drehleitern eigener Konstruktion, darunter Magirus

(Ulm) und Metz (Karlsruhe). 1916 liefert Magirus an die Feuerwehr Chemnitz die erste »benzinautomobile« Drehleiter der Welt mit maschinellem Antrieb aller Leiterbewegungen vom Fahrmotor aus.

Ab Mitte der zwanziger Jahre erlebte die Entwicklung der Drehleiter ihre Blütezeit. Die damals wie heute führenden Firmen Magirus und Metz schufen die im Prinzip nach wie vor gültigen automatischen Sicherheitseinrichtungen für den Leiterbetrieb und gingen vom hölzernen Leitersatz Schritt für Schritt auf Stahl und später sogar auf Leichtmetall über.

Bis zum zweiten Weltkrieg galten die fortschrittlichen deutschen Drehleiterkonstruktionen als mustergültig und führend in allen Ländern. Sehr früh setzte auch eine Normung dieser Fahrzeugart ein. Das erste Normblatt DIN FEN 105 »Drehleitern (Kraftwagen)« erschien im Juli 1925 und führte drei Typen, mit 18, 20 und 22 m Steighöhe auf. Später kamen weitere – auch ungenormte – Typen mit Steighöhen bis zu 32 m hinzu. Der Übergang zum Dieselmotor vollzog sich auch bei den Drehleitern ab 1931.

Rüstkranwagen

Schon in den dreißiger Jahrten, als die Beseitigung von Verkehrshindernissen noch ein recht seltener Einsatz war, standen die Feuerwehren dennoch häufig vor schweren Bergungsaufgaben. Mit Flaschenzügen und Hebeböcken waren die Lasten bald nicht mehr zu bewältigen, und der Ruf nach besonderen Kranfahrzeugen wurde laut.

Die Firmen Metz (Karlsruhe) und Magirus (Ulm) befaßten sich daher mit der Entwicklung von Rüstkranwagen. Metz lieferte 1936 den ersten speziellen Feuerwehrkranwagen, einen RKW 4,5 (also mit einer größten Hebekraft von 4,5 t) an die Berufsfeuerwehr Düsseldorf. Der Kranausleger war noch nicht drehbar, sondern wurde aus dem kastenförmigen Aufbau nach hinten herausgeschwenkt. Als Fahrgestell wurde ein Mercedes-Benz Typ LS 3750 mit 5500 kg Rahmentragfähigkeit und einem Radstand von 4600 mm verwendet. Der Sechszylinder-Dieselmotor leistete 100 PS. Dieser RKW 4,5 war außerdem mit einer 6 t-Spilleinrichtung und einem festeingebauten 8 kVA-Stromerzeuger ausgestattet. Die gesamte Kraneinrichtung wurde elektrisch angetrieben und gesteuert, was bis in die sechziger Jahre üblich blieb, bis der Hydraulikantrieb aufkam.

Magirus Auto-Drehleiter K 26 (26 Meter Höhe) auf Magirus Niederrahmen-Fahrgestell Typ MML mit 100 PS Maybach-Motor, geliefert 1928 nach Frankfurt

Magirus Autospritze, gleiches Fahrgestell und gleicher Motor wie obige K 26, jedoch Luft- statt Vollgummireifen, ebenfalls 1928 nach Frankfurt geliefert

Magirus Pionierwagen, ebenfalls Niederrahmen, 100 PS Maybach-Motor und Luftreifen, 1929 an die Feuerwehr Dresden geliefert

Mercedes-Benz Typ Stuttgart 1928 als »Vorfahrwagen« bei der Berliner Feuerwehr

MAN Feuerwehr-Leiter 1928 bei einem Schnauferl-Korso 1965 in München

55 PS Magirus Typ ML 1928 mit 20 Meter-Drehleiter KL, geliefert nach Solingen

90 PS NAG (Baujahr 1926) als Rüstwagen der Berliner Feuerwehr

Mercedes-Benz mit 27 Meter hoher Metz-Drehleiter für die Freiwillige Feuerwehr Würzburg, geliefert etwa 1929

Schaumlöschwagen auf Krupp 4 to Sechsrad-Fahrgestell, Baujahr 1928

Magirus Typ MLA, Baujahr 1929, als Autospritze mit Aufprotzleiter. Das gab's also immer noch!

Magirus Typ MLAS, Baujahr 1929, als Autospritze, geliefert an die I. G. Farben-Filmfabrik (Agfa) in Wolfen

Tier-Rettungswagen der Münchener Feuerwehr in den zwanziger Jahren. Auf der Pritsche sieht man die Leitschienen und darüber das Zugseil für die Hilfsbrücke, links am Wagen die große Handkurbel für die Seilwinde.

Rüstwagen (Aufbau Metz) mit motorbetriebenem Kran auf dem Fahrgestell des 8,5 to Mercedes-Benz Typ L 8500 (110 PS Benzinmotor). Dieses 1928 beschaffte Fahrzeug der Berliner Feuerwehr diente hauptsächlich zum Beseitigen von Verkehrshindernissen sowie zum Aufrichten umgestürzter Fahrzeuge. Die seitlichen Fächer enthalten die erforderlichen Spezialgeräte und Ausrüstungen. Außer dem 3 to-Kran war auch eine 3 to-Spilleinrichtung vorhanden. Sie hielt, da der Antrieb rein mechanisch war, auch größeren Belastungen (bis zum Stillstand des Motors oder Reißen des Seiles) stand. Das Fahrzeug war bis Mitte der sechziger Jahre im Einsatz und wurde sogar noch mit Rundumleuchte und Funk ausgerüstet.

Magirus Typ M 1 S (1929) als Autospritze »Zoppot«. Aufbau mit Längssitzen.

Magirus Typ M 1 S. Aufbau mit Quersitzen. 1200 Liter-Autospritze + Tragkraftspritze. Ausgestellt auf der Berliner Automobil-Ausstellung 1931.

Magirus Autospritze, geliefert 1932 nach Zerbst. Einerseits schon geschlossener Mannschaftsraum, andererseits immer noch Vollgummireifen!

Ford Typ AA 1930/31 als Feuerwehrspritze. Aufbau Meyer-Hagen.

Magirus Typ MMS als Autospritze »Stuttgart«. 100 PS Maybach-Benzinmotor, Niederrahmen-Fahrgestell, Luftreifen, Aufbau mit Quersitzen, 430 Liter-Wassertank, 750 Liter-Pumpe. Radstand 4500 mm, Wendekreis 18,5 Meter, Geschwindigkeit 60 km/h, Gesamtgewicht 8000 kg. Geliefert Anfang 1929 nach Stuttgart.

Magirus Typ MLOL mit 22 Meter Drehleiter K 26. Vollgummireifen. Baujahr 1930.

Auf der Internationalen Automobil-Ausstellung Berlin 1931 wurde ein Magirus Typ M 50 L mit voll geschweißter Ganzstahl-Drehleiter K 30 vorgestellt. Leiterpark fünfteilig, Steighöhe 38,4 Meter.

Um 1930 beschaffte sich die Berufsfeuerwehr München ihren ersten Rüstwagen mit kleinem Kranausleger am Heck. Das Fahrgestell war ein 4 to Mercedes-Benz Typ L 2, den Aufbau entwickelte die Firma Metz.

Halbautomatische 24 Meter Metz-Drehleiter auf 2,5 to Mercedes-Benz-Fahrgestell. Luftreifen, Abstützspindel, abprotzbarer Schlauchwagen. Baujahr etwa 1930/31.

Gleiche 24 Meter Metz-Drehleiter auf 100 PS Mercedes-Benz 4 to-Fahrgestell. Vollgummi- oder Luftreifen waren wahlweise lieferbar. Baujahr 1929/30.

Mercedes-Benz Pionierwagen (Aufbau Metz) der Berufsfeuerwehr Stuttgart. Baujahr 1930.

Luftbereiftes Mercedes-Benz 4 to Niederrahmen-Fahrgestell (6 Zylinder, 110 PS) mit 26 Meter Magirus-Holzleiter der Berufsfeuerwehr Stuttgart. Baujahr 1932.

Bild unten links: Mercedes-Benz Kraftfahrspritze auf 4 to Niederrahmen-Fahrgestell. Aufbau Metz Modell Württemberg. Pumpenleistung 2000 Liter/min bei 80 Meter Förderhöhe oder 800 Liter/min bei 200 Meter Förderhöhe. Querbänke. 300 Liter Wasserbehälter. Geliefert 1930 an Berufsfeuerwehr Stuttgart.

Bild unten rechts: Luftbereiftes Mercedes-Benz 4 to Niederrahmen-Fahrgestell (6 Zylinder, 110 PS) mit 30 Meter Metz-Stahlleiter der Berufsfeuerwehr Stuttgart. Baujahr 1933.

Metz Kraftfahrspritze auf Mercedes-Benz 2 to-Fahrgestell mit 55 PS Benzinmotor, Vorbaupumpe (Leistung 1200 Liter/min bei 80 Meter Förderhöhe), 9 bis 10 Sitzplätze, Kasten für Tragkraftspritze im Heck. Baujahr 1934.

Metz Kraftfahrspritze auf Mercedes-Benz 2,75 to-Fahrgestell mit 65 PS Benzinmotor, Vorbaupumpe (Leistung 1500 Liter/min bei 80 Meter Förderhöhe), 11 Sitzplätze mit festem Dach und herablaßbaren Seitenteilen, Kasten für Tragkraftspritze im Heck. Baujahr etwa 1932.

Metz Kraftfahrspritze auf Mercedes-Benz Typ LoS 2750 mit 65 PS Benzinmotor, Vorbaupumpe (Leistung 1200 Liter/min bei 80 Meter Förderhöhe), 5 bis 6 Sitzplätze in geschlossenem Mannschaftsraum, Kasten für Tragkraftspritze im Heck. Baujahr 1933. Danziger Feuerwehr.

Hansa-Lloyd 1932 als Mannschafts- und Gerätewagen des Magistrats Oels. Vorbaupumpe. Aufbau der Firma Hermann Koebe (Luckenwalde).

Bereits etwa 1930 entwickelte die Firma Carl Metz (Karlsruhe) ein interessantes und zu seiner Zeit wohl einzigartiges Teleskopmast-Feuerwehrfahrzeug. Es konnte als Kran, als Wassermast und mit Förderkorb als Rettungsgerät verwendet werden. Als Kran konnte das Gerät 4000 kg bei 2 Meter und 900 kg bei 5 Meter Ausladung heben. Als Wassermast war das Teleskop bis zu 50 Meter Höhe ausführbar, wobei sich im Mastinneren eine teleskopartig zusammenschiebbare Wasserleitung befand, die am Mastfuß an zwei B-Schläuche anzuschließen war. Im Heck des Fahrzeugs war eine Kreiselpumpe eingebaut, an der Mastspitze ein Wenderohr. Die Rettungseinrichtung (Bild rechts) besteht darin, daß ein förderkorb mittels eines besonderen Antriebs hinauf- und herabgelassen werden kann. Stützspindeln sorgen für den festen Stand des Fahrzeugs.

Magirus baute in den Jahren 1932 bis 1935 einen kleinen Frontlenker-Eintonner mit 670 ccm Jlo Zweizylinder-Zweitaktmotor. Diesen Typ M 10 gab es auch in verschiedenen Ausführungen als Autospritze und Tragkraftspritzen-Fahrzeug. Die hier abgebildete offene Autospritze erhielt 1934 die Werkfeuerwehr von Conti-Gummi (Hannover).

Magirus Typ M 10 als Autotankspritze, geliefert 1934 an die Fabrikfeuerwehr der Maschinenfabrik Esslingen.

Magirus Typ M 25 als Autospritze, geliefert 1933 nach Crailsheim

Magirus Typ M 30 S als Autospritze, geliefert 1933 an die Feuerwehr Danzig.

Magirus Typ M 40 mit 30 Meter Stahl-Drehleiter, Luftreifen und Stützspindeln, geliefert 1932 an die Berufsfeuerwehr München

Das war zu ihrer Zeit die höchste Ganzstahl-Drehleiter der Welt. Magirus Fahrgestell Typ M 50 L mit 110 PS Benzinmotor. Drei Exemplare dieser 38 Meter-Leiter gingen 1933 nach Moskau.

Magirus Typ M 45 Autospritze mit Kreisel- und mit Luftschaumpumpe, geliefert 1933 an die Marinewerft Wilhelmshaven

Magirus Typ M 45 mit 30 Meter Stahl-Drehleiter. Keine Stützspindeln, da immer noch Vollgummireifen. Geliefert im Juni 1934 an die Hamburger Feuerwehr.

Anfang der dreißiger Jahre, aber auch noch später, führte der Wunsch nach Motorisierung einerseits, Sparsamkeit und fehlendes Geld andererseits dazu, daß Dorf- und Betriebsfeuerwehren sehr oft ältere große Personenwagen zu Feuerwehrfahrzeugen umbauten. Diese Personenwagen waren auf dem normalen Markt nahezu unverkäuflich geworden, während sie bei den Feuerwehren noch Jahre, zuweilen sogar noch jahrzehntelang zufriedenstellend ihren Dienst versahen, denn sie hatten hinreichende Leistungs- und Tragfähigkeit, wurden aber nur so wenig gefahren, daß der hohe Kraftstoffverbrauch keine Rolle spielte. Hier abgebildet ist ein Benz (4 Zylinder, 3,6 Liter, 30 PS) Baujahr 1912 (!), der heute noch als gepflegter Oldtimer Aufsehen erregt.

Dieser NAG-Protos (6 Zylinder, 3,6 Liter, 70 PS) von etwa 1930 war einmal der Dienstwagen des Frankfurter Oberbürgermeisters. 1936 kaufte ihn die Freiwillige Feuerwehr Klein-Auheim, ließ ihn für ihre Zwecke umbauen und ergänzte ihn durch eine Rosenbauer TS 8/8 auf Anhänger. Erst 1958 wurde das Fahrzeug ausgemustert.

Umgebauter Audi Zwickau (8 Zylinder, 5,1 Liter, 100 PS) Baujahr 1930/31, der in der DDR noch Anfang der siebziger Jahre lief.

Das ist vermutlich der letzte noch existierende Stoewer Repräsentant (8 Zylinder, 4,9 Liter, 100 PS), der einst im Originalzustand ein ganz herrlicher Wagen war, aber wohl nur deshalb bis heute überlebte, weil ihn sein Schicksal zu einer Feuerwehr verschlagen hatte.

Dem Verkehrsmuseum Dresden gehört heute dieser Audi Typ M 18/70 PS Baujahr 1928, der sicherlich einst bessere Zeiten gesehen hatte, bevor man ihn zum Feuerwehrauto umfunktionierte.

Magrius Typ M 30 als »Auto-Richtwagen« mit Pumpe, Seilwinde und Kraneinrichtung für 3 to Tragkraft, geliefert 1934 an die Feuerwehr Fürth.

Magirus Typ M 20 V mit 45 PS Dieselmotor als Revisionswagen (mit Tragkraftspritze), geliefert Ende 1934 an die Provinzial-Feuerversicherungsanstalt Rheinprovinz Düsseldorf. In der Werkshistorie gilt dieser Wagen als erstes Magirus Feuerwehrfahrzeug mit Dieselmotor.

Ende 1937 wurde an die gleiche Institution dieser Revisionswagen geliefert, ein Phänomen Granit mit luftgekühltem Benzinmotor und Magirus-Aufbau.

Mercedes-Benz LoS 3500 (6 Zylinder, 95 PS) als Rüstwagen mit abnehmbarem Verdeck. Berufsfeuerwehr Stuttgart 1935.

Magirus Typ M 25 als Mannschaftswagen, geliefert 1935 nach Faßberg

Magirus Typ M 30 als Mannschaftswagen, geliefert 1935 an die Feuerwehrschule Klein-Mellen (Pommern)

Magirus Typ M 30 S Autospritze (»Einheits-Spritze«) 1935

MAN Typ Z 1 Autospritze 1934

Magirus Typ M 30 S Autospritze, geliefert im Januar 1935 an I. G. Farben-Leverkusen.

Magirus Typ M 30 S Autotankspritze mit Anhänger, geliefert 1934 an die Flughafen-Feuerwehr Travemünde.

Magirus Typ M 30 Autotankspritze mit Kreiselpumpe und Luftschaumspritze, geliefert 1934 an Flughafen Lager-Lechfeld.

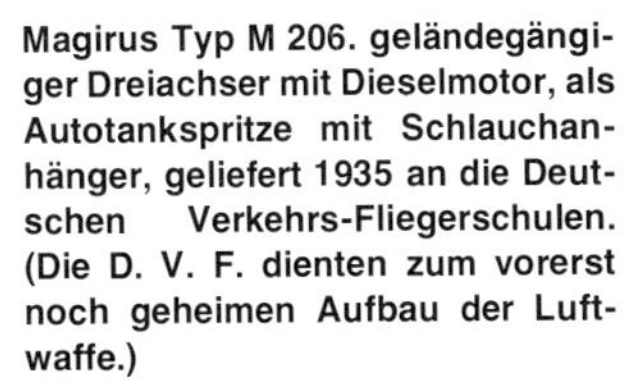

Magirus Typ M 206. geländegängiger Dreiachser mit Dieselmotor, als Autotankspritze mit Schlauchanhänger, geliefert 1935 an die Deutschen Verkehrs-Fliegerschulen. (Die D. V. F. dienten zum vorerst noch geheimen Aufbau der Luftwaffe.)

Magirus 1935 als Kommandowagen der Feuerlöschpolizei Berlin. Lautsprecher auf dem Dach, Funkmast am Heck.

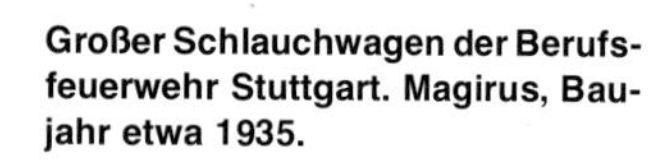

Großer Schlauchwagen der Berufsfeuerwehr Stuttgart. Magirus, Baujahr etwa 1935.

Magirus Typ M 37 S Einheits-Kraftspritze KS 25 mit Kreiselpumpe (2500 Liter/min) und 110 PS Sechszylinder-Dieselmotor. Radstand 4575 mm, Gesamtlänge 7220 mm, Gesamtgewicht 9200 kg. Baujahr 1935/36.

Magirus Typ M 45 L Ganzstahl-Drehleiter K 30 (30 Meter Steighöhe) mit 110 PS Sechszylinder-Dieselmotor. Radstand 4800 mm, Gesamtlänge 10 Meter, Gesamtgewicht 11 800 kg. Geliefert 1935 an die Feuerwehr Altona.

Magirus Typ M 37 L Kraftfahrleiter DL 26 (26 Meter Steighöhe) mit 70 PS Sechszylinder-Dieselmotor. Radstand 4500 mm, Gesamtlänge 7800 mm, Gesamtgewicht 8500 kg. Geliefert im Oktober 1936 an die Danziger Feuerwehr.

Magirus Typ M 45 Pionierwagen mit 110 PS Sechszylinder-Dieselmotor. Geliefert im Juni 1936 an die Berufsfeuerwehr München.

Magirus Typ M 45 Kraftfahrspritze KS 25 mit 110 PS Sechszylinder-Dieselmotor. Geliefert im Dezember 1937 an die Feuerlöschpolizei Stettin.

Henschel 5 to Diesel als Autospritze (Aufbau Magirus), geliefert im November 1935 für die Werkfeuerwehr Henschel (Kassel).

Mercedes-Benz Typ L 3750 mit Magirus-Autodrehleiter K 30 und 100 PS Sechszylinder-Dieselmotor, geliefert im Oktober 1936 an die Feuerlöschpolizei Stuttgart.

Mercedes-Benz mit Metz-Drehleiter DL 26, Baujahr etwa 1936.

Mercedes-Benz mit Metz-Kraftfahrdrehleiter KL 26 und Amag-Hilpert-Vorbaupumpe. Sechs dieser Leitern wurden 1935 an die Feuerwehr Dresden geliefert.

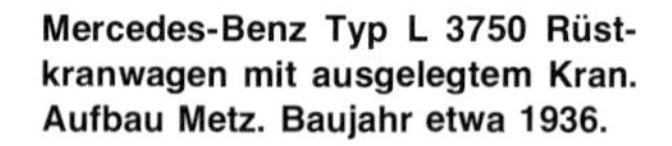

Mercedes-Benz Typ L 3750 Rüstkranwagen mit ausgelegtem Kran. Aufbau Metz. Baujahr etwa 1936.

Magirus Typ M 27 Mannschaftswagen, geliefert im November 1937 an die Feuerlöschpolizei Düsseldorf.

Magirus Typ M 27 Mannschaftswagen, geliefert im November 1937 an die Feuerlöschpolizei Oberhausen/Rheinland.

2,5 to Opel-Blitz 1937 als Waldbrandlöschwagen (Aufbau Magirus).

2,5 to Opel-Blitz 1936 (Radstand 4650 mm) als Geräte- und Mannschaftswagen (Aufbau Flader).

Hansa-Lloyd Kraftfahrspritze KS 25 (Aufbau Magirus) mit Tragkraftspritzenanhänger, geliefert 1937 an den Bezirk Aichach/Obb.

Hansa-Lloyd Kraftfahrspritze KS 15, geliefert im Juni 1937 an das Versuchszentrum Peenemünde.

Hansa-Lloyd mit Magirus Holz-Drehleiter (17 Meter Steighöhe), geliefert 1937 an die Feuerlöschpolizei Tübingen.

Mercedes-Benz Kraftfahrspritze KS 15 (Aufbau Magirus), geliefert 1937 an die Feuerlöschpolizei Düsseldorf.

Magirus Typ M 30 a als Tiertransportwagen (mit ausfahrbarer Kadaverpritsche) oder wahlweise verwendbar als Mannschaftswagen (mit Längssitzen), geliefert im Oktober 1937 an die Feuerlöschpolizei München.

Mercedes-Benz Typ L 1500 mit Magirus-Stahlleiter DL 18 und Dieselmotor (4 Zylinder, 2,6 Liter, 44 PS) einer Freiwilligen Feuerwehr. Baujahr etwa 1937.

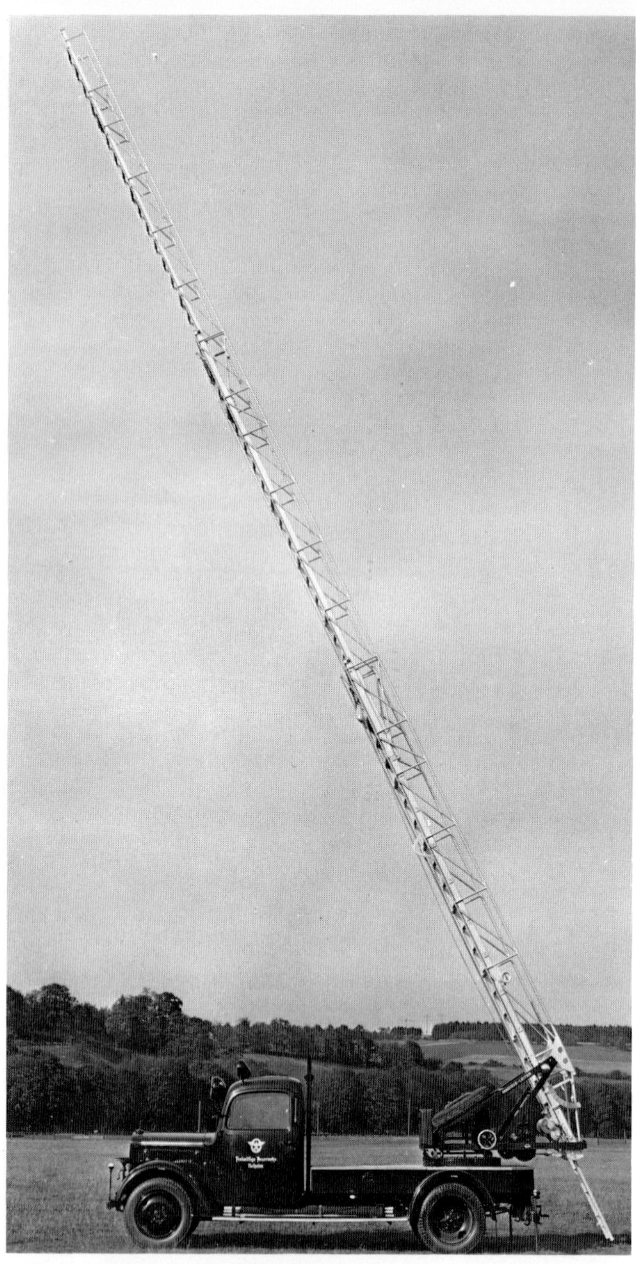

Magirus Typ M 27 Kraftfahrspritze KS 15, geliefert 1937 an die Feuerlöschpolizei Mainz.

Magirus Typ M 206 S als geländegängige Kraftfahrspritze mit Tragkraftspritzenanhänger, geliefert 1937 an die Feuerlöschpolizei Berchtesgaden.

Magirus Typ M 40 Flugfeld-Kraftfahrtankspritze, geliefert 1937 an die Heinkel-Werke Oranienburg.

Mercedes-Benz Schlauchkraftwagen der Feuerlöschpolizei Berlin, Baujahr etwa 1937.

Krieg: Wenige Typen in großen Serien

Das preußische »Gesetz über das Feuerlöschwesen« vom 15. Dezember 1933 unterstellte die Berufsfeuerwehren, Freiwilligen Feuerwehren und Pflichtfeuerwehren dem Ortspolizeiverwalter und den Polizeiaufsichtsbehörden. Seitdem kam der Begriff »Feuerlöschpolizei« auf, ohne daß er im Gesetz selbst erwähnt gewesen wäre. Auch Feuerwehrfahrzeuge erhielten die Aufschrift »Feuerlöschpolizei«, doch war dies nicht einheitlich. Am 23. November 1938 folgte dann ein für das gesamte Reich gültiges »Gesetz über das Feuerlöschwesen«, das die Zuständigkeit des Reichsministers des Innern für alle Brandschutzangelegenheiten festlegte. Die Feuerwehren wurden als »Feuerschutzpolizei« in die Ordnungspolizei eingegliedert. Selbst ihre Kraftfahrzeuge waren bald nicht mehr feuerwehrrot, sondern polizeigrün (»dunkelgrün glänzend«) lackiert, und die Kennzeichenschilder erhielten »Pol«-Zulassungsnummern.

Die Organisation des Brandschutzes im rasch an Bedeutung gewinnenden Luftschutz war freilich nicht eindeutig gegliedert, weil sich der Reichsluftfahrtminister und der Reichsinnenminister die Aufgaben des Luftschutzes teilten. Schließlich entstanden folgende Feuerlösch-Formationen:

1. Feuerschutzpolizei mit Feuerlösch- und Entgiftungsbereitschaften (FE-Bereitschaften). Jede FE-Bereitschaft mit einer Gesamtstärke von 103 Mann bestand aus 3 Löschzügen und 1 Entgiftungszug. 2 oder 3 FE-Bereitschaften bildeten eine FE-Abteilung. In einigen großen Luftschutzbereichen waren mehrere FE-Abteilungen zu FE-Gruppen zusammengefaßt.

2. LS-Abteilungen (mot) der Luftwaffe

3. Feuerschutzpolizei-Abteilungen (mot) der Ordnungspolizei. 1940/41 wurden die drei Feuerschutzpolizei-Regimenter 1 »Sachsen«, 2 »Hannover« und 3 »Ostpreußen« aufgestellt. In den besetzten Gebieten folgten die Feuerschutzpolizei-Regimenter »Niederlande«, »Ukraine« und »Böhmisch-Mähren«. Alle Regimenter wurden im Juni 1943 wieder aufgelöst und in selbständige Feuerschutzpolizei-Abteilungen (mot) überführt. Bis Kriegsende gab es 9 Fsch. P. Abtlg. (mot).

Vor diesem Hintergrund muß man die Entwicklung des Kraftfahrwesens der deutschen Feuerwehr vor und im Kriege sehen. Am Stichtag 1. 7. 1938 waren im Deutschen Reich 5658 Kraftwagen für Feuerlöschzwecke zugelassen. (Die Zahl stammt aus der letzten amtlichen Statistik, die veröffentlich wurde.) Etwa 1500 weitere Feuerlöschfahrzeuge dürften beim Reichsluftfahrtministerium (RLM) für allgemeinen Luftschutz und Eigenbedarf vorhanden gewesen sein.

Für Aufgaben des Luftschutzes ließ das RLM ab 1934 mehrere Prototypen bauen, die bei der Berliner Feuerwehr erprobt wurden. Es waren folgende fünf Baumuster:

- Kraftzugspritze KzS 8 (Bauart 1937 und 1939)
- Kraftzugspritze KS 15 (Bauart 1934/35)
- Kraftfahrdrehleiter KL 26 (Bauart 1936)
- Kraftfahrdrehleiter KL 46 (Bauart 1939)
- Schlauchkraftwagen Schlauchkw (Bauart 1936)

Außer der KL 46, einer Kraftfahrdrehleiter von 46 m Steighöhe, wurden diese Ausführungen mit vorgeschriebener, einheitlicher Ausrüstung in großen Stückzahlen bis Kriegsende gebaut.

Früher hatten die Gemeinden und Städte die Kraftfahrzeuge für ihre Freiwilligen und Berufs-Feuerwehren ohne »reichseinheitliche Lenkung« beschaffen können. Viele Eigenentwicklungen einzelner Feuerwehrchefs und die Bereitwilligkeit der Geräteindustrie, jeden speziellen Kundenwunsch allein schon aus Konkurrenzgründen raschestmöglich zu erfüllen, hatten zu einer riesigen Typenvielfalt geführt. Doch schon im Herbst 1933 hatten sich alle einschlägigen Firmen auf Weisung der Reichsregierung zur »Arbeitsgemeinschaft der deutschen Feuerwehrgeräteindustrie« zusammenschließen müssen.

Im Zuge der kriegswirtschaftlichen Sparmaßnahmen wurde der Automobilindustrie am 2. März 1939 eine radikale Typenbegrenzung auferlegt. Am 16. März 1940 folgte der Runderlaß »Typenbegrenzung im Feuerlöschfahrzeugbau», herausgegeben vom Reichsminister des Innern im Einvernehmen mit dem Generalbevollmächtigten für das Kraftfahrwesen. Zulässig blieben nur noch je ein Lastwagen-Fahrgestell in drei Nutzlast-Klassen. Im wesentlichen wurden folgende Fahrzeuge getypt:

- Leichtes Löschgruppenfahrzeug (1,5 t-Fahrgestell)
- Schweres Löschgruppenfahrzeug (3,0 t-Fahrgestell)
- Großes Löschgruppenfahrzeug (4,5 t-Fahrgestell)
- Leichte Drehleiter 17 m Steighöhe (1,5 t-Fahrgestell)
- Schwere Drehleiter 22 m Steighöhe (3,0 t-Fahrgestell)
- Große Drehleiter 32 m Steighöhe (4,5 t-Fahrgestell)

Die jeweiligen Fahrgestelle für die Löschgruppenfahrzeuge und die Kraftfahrdrehleitern waren also identisch. Der Runderlaß erläuterte:

> »... Die Aufbauten für das leichte und das schwere Löschgruppenfahrzeug sind von mir unter Mitbeteiligung der Klöckner-Humboldt-Deutz AG. (Werk Ulm), der Daimler-Benz AG. und des Werkes Carl Metz (Karlsruhe) entwickelt worden. Die Zeichnungen sind für alle zugelassenen Firmen verbindlich. Zur Fertigung von Aufbauten werden vorläufig nur diejenigen in der Wirtschaftsgruppe Maschinenbau, Fachuntergruppe Feuerwehrgeräte, zusammengeschlossenen Firmen zugelassen, die bisher schon Aufbauten für Feuerlöschfahrzeuge gefertigt haben.«

Ab Juni 1940 wurden die Beschreibungen und Zeichnungen als »Anordnungen über den Bau von Feuerwehrfahrzeugen« in insgesamt 10 Einzelheften herausgegeben. Eine so weitgehende Vereinheitlichung hat es seitdem nie wieder gegeben. Die Bezeichnungen »leicht«, »schwer« und »groß« waren dem militärischen Sprachgebrauch entlehnt worden. Sinnvoller war die Kennzeichnung der Löschfahrzeuge durch ihre jeweilige Pumpenleistung und der Drehleitern durch ihre Steighöhe, wie sie vom RLM gebraucht und 1943 durch Runderlaß dann auch allgemein eingeführt wurde.

Nach zuverlässigen Schätzungen (Brunswig) wurden 1940 bis 1944 etwa 13000 getypte Feuerwehrfahrzeuge gebaut und zwar

● Löschfahrzeuge	LF 8	ca. 3850 Stück
● Löschfahrzeuge	LF 15	ca. 5100 Stück
● Löschfahrzeuge	LF 25	ca. 2650 Stück
● Tanklöschfahrzeuge	TLF 15	ca. 750 Stück
● Schlauchwagen	S 3,0	ca. 300 Stück
● Schlauchwagen	S 4,5	ca. 450 Stück
● Drehleitern	DL 17	ca. 60 Stück
● Drehleitern	DL 22	ca. 210 Stück
● Drehleitern	DL 32	ca. 40 Stück

Zur Lieferung der Fahrgestelle wurden nur Daimler-Benz, Klöckner-Humboldt-Deutz sowie die Adam Opel AG. herangezogen. Für die Herstellung der Aufbauten waren die folgenden

Einheitliche Typenbezeichnungen und Abkürzungen für Fahrzeuge des Feuerlöschdienstes ab 30. 4. 1943					
Einheitsbezeichnung	Einheits-abkürzung	Kennzeichnung des Fahrzeuges		Bisherige Bezeichnung	
		Fahrgestell	Pumpenleistung oder Leiter-Steighöhe	Luftwaffe	Feuer schutz-polizei
a) Löschfahrzeuge (bisher Kraftfahrspritzen oder Löschgruppenfahrzeuge)					
Löschfahrzeug 25	LF 25	4,5 t	2500 l/min	KS 25	GLG
Löschfahrzeug 15	LF 15	3 t	1500 l/min	KS 15, FL KS 15	SLG
Löschfahrzeug 8	LF 8	1–3 t	800 l/min	KS 8, KzS 8	LLG
b) Drehleitern (bisher Kraftfahrleitern oder Drehleitern)					
Drehleiter 32	DL 32	4,5 t	32 m	–	GDL
Drehleiter 26	DL 26	4,5 t	26 m	KL 26	–
Drehleiter 22	DL 22	3 u. 4,5 t	22 m	–	SDL
Drehleiter 17	DL17	1,5 t	17 m	–	LDL
c) Schlauchkraftwagen					
Schlauchkraftwagen 4,5	S 4,5	4,5 t	–	Schlauchkw.	GSK
Schlauchkraftwagen 3	S 3	3 t	–	–	SSK
d) Tanklöschfahrzeug (bisher Tankspritze)					
Tanklöschfahrzeug 25	TLF 25	4,5 t	2500 l/min	TS 2,5	–
Tanklöschfahrzeug 15	TLF 15	3 t	1500 l/min	TS 1,5	–

9 Firmen vorgesehen: Daimler-Benz (Stuttgart), G. A. Fischer (Görlitz), E. C. Flader (Jöhstadt/Sa.), Aug. Hoenig (Köln), Klöckner-Humboldt-Deutz (Ulm), Hermann Koebe (Luckenwalde), Carl Metz (Karlsruhe), Meyer-Hagen (Hagen), Rosenbauer (Linz). Der Bedarf war nach Beginn des Luftkrieges ab 1943 größer als die Produktion, obwohl sich der im Mai 1941 ernannte Sonderbeauftragte für das Feuerlöschgerätewesen nach Kräften bemühte, die Rohstoffengpässe zu überwinden.

Die Kraftzugspritze KzS 8

Die KzS 8, zum Einsatz in einem Luftschutzrevier vorgesehen, bestand aus einem Löschkraftwagen mit Tragkraftspritzenanhänger. Für die Bauart 1937 wurden vorwiegend die preiswerten 1,0 t Opel, außerdem auch 1,5 t Mercedes-Benz-Fahrgestelle verwendet. Wegen seiner geringen Nutzlast und des offenen Aufbaus entsprach aber das leichte Opel-Fahrgestell nicht voll den Anforderungen. Vor allem mußte die Feuerlöschpumpe als Tragkraftspritze in einem Anhänger mitgeführt werden. Mit der Bauart 1939 ging man auf das inzwischen lieferbare 1,5 t Opel-Fahrgestell mit serienmäßigem Fahrerhaus über. Das Segeltuchverdeck über den Mannschaftssitzen konnte man abnehmen, aber es bot im Winter keinen genügenden Wetterschutz. Quer zur Fahrtrichtung standen die Bänke, der Einstieg erfolgte von der Rückseite des Fahrzeugs.

Der ab 1940 zuständige Chef der Ordnungspolizei setzte die vom Reichsluftfahrtministerium getragene Entwicklung nicht fort. Als Nachfolger wurde das Leichte Löschgruppenfahrzeug (LLG) auf dem Fahrgestell Mercedes-Benz L 1500 mit 60 PS Vergasermotor eingeführt. Aufbau und Mannschaftsraum waren vollständig geschlossen. Als Ende 1943 die Fertigung des Mercedes L 1500 auslief, wurde nun das Fahrgestell des Opel-Blitz 3 t verwendet. Infolge der höheren Rahmentragfähigkeit konnte endlich die Tragkraftspritze im Wagen selbst untergebracht werden, so daß man auf den unbeliebten Anhänger verzichten durfte. Das Fahrzeug wurde 1943 in »LF 8« umbenannt. (Die Zahlenbezeichnung bei Löschfahrzeugen gibt, mit 100 multipliziert, die Fördermenge der Feuerlöschkreiselpumpe an, das sind also 800 l/min beim LF 8.) Der Beschaffungspreis des LF 8 betrug etwa 12500 bis 14000 Reichsmark.

Das Schwere Löschgruppenfahrzeug SLG

Das SLG war für mittlere und große Gemeinden vorgesehen. Verwendet wurden dafür die 3 t-Fahrgestelle Mercedes-Benz L 3000 F oder Klöckner-Humboldt-Deutz FS 330, beide mit 80 PS Dieselmotor. Die fest eingebaute Feuerlöschkreiselpumpe leistete 1500 l/min, der Löschwasserbehälter faßte 400 Liter. Von diesem Typ, der 1943 in »LF 15» umbenannt wurde und der etwa 23000 RM kostete, sind bis Kriegsende über 5000 Stück gebaut worden. Er war das am meisten verbreitete Löschfahrzeug, dessen bewährte Grundkonzeption sich noch heute im LF 16 findet.

Das Große Löschgruppenfahrzeug GLG

Das GLG verfügte über eine noch reichhaltigere Ausrüstung, eine Feuerlöschkreiselpumpe mit 2500 l/min Wasserförderung, einen 1500 Liter-Löschwasserbehälter und eine Schnellangriffs-Einrichtung. Das GLG wurde ab 1943 geliefert und stellte eine vom Hauptamt Ordnungspolizei betriebene Weiterentwicklung der KS 25/36 dar. Später wurde es in LF 25 umbenannt. Mit diesem Typ wurden auch überwiegend die LS-Abteilungen (mot) des RLM ausgestattet. Die 4,5 t-Fahrgestelle stammten entweder vom Klöckner-Humboldt-Deutz Typ 145 oder vom Mercedes-Benz L 4500 S, beide mit 125 PS Dieselmotor. Der Preis für das voll ausgerüstete Löschfahrzeug betrug damals 35000 RM.

Tanklöschfahrzeuge und Flugplatz-Tanklöschfahrzeuge

Während heute ein Tanklöschfahrzeug zu jedem Löschzug der Berufsfeuerwehr gehört, war dieser Typ in der Vorkriegszeit und selbst im Krieg noch wenig vorhanden. Dabei wurde er dringend gebraucht, was sich schon bei den ersten Luftangriffen herausstellte. Dort konnte sich das Tanklöschfahrzeug im rollenden Einsatz zum Nachlöschen der vielen kleinen Schwelbrände bewähren. Erst ab Mitte 1943 stand die auf Anordnung des RLM eiligst entwickelte »Tankkraftspritze« in geringen Stückzahlen zur Verfügung. Der Wassertank beinhaltete 2500 Liter, die Feuerlösch-Kreiselpumpe leistete 1500 l/min. Verwendet wurde das Opel 3 t-Fahrgestell, teilweise mit Allrad-Antrieb.Für den Einsatz auf militärischen Flugplätzen gab es die nach den Richtlinien der RLM entwickelten Flugplatztankspritzen TS 2,5, von 1936 bis 1942 bei den Firmen Magirus und Metz in großer Stückzahl gebaut. Hierfür wurde das geländegängige Dreiachs-Fahrgestell von Henschel verwendet. Der unverkleidete Löschwassertank faßte 2500 Liter, der Schaummitteltank etwa 250 Liter. Die Feuerlösch-Kreiselpumpe war als Vorbaupumpe ausgeführt und leistete 2500 l/min.

Kraftfahrdrehleitern

Kraftfahrdrehleitern werden zur Rettung von Menschen aus höher gelegenen Gebäudeteilen und zur Herstellung von Angriffsmöglichkeiten bei der Brandbekämpfung verwendet. An sich gehören sie zu jedem Löschzug der Feuerwehr, doch fehlte hierzu im Krieg die erforderliche Anzahl von Leitern. Das Typenprogramm enthielt 1940 die Leichte Drehleiter (LDL) mit 17 m Steighöhe, die Schwere Drehleiter (SDL) mit 22 m Steighöhe und ab 1942 die Große Drehleiter (GDL) mit 32 m Steighöhe. Die Drehleitern wurden von Magirus (Ulm) und Metz (Karlsruhe) gebaut. Beide Bauarten standen auf so hohem Niveau, daß sich Sonderentwicklungen durch das RLM oder das Hauptamt der Ordnungspolizei erübrigten.

Es könnte vielleicht interessieren, daß 4 Drehleitern mit der extremen Steighöhe von 46 m gebaut wurden. Man brauchte sie zum Aufhängen von Fahnen und Girlanden bei Parteitagen und Aufmärschen. Im Krieg bewährten sich die DL 46 wegen ihres hohen Gesamtgewichtes von 14 t und wegen der zu geringen Leiterausladung gar nicht.

Schlauchkraftwagen

Schlauchkraftwagen bringen nötigenfalls zusätzliche große Schlauchmengen an den Einsatzort und sichern damit die Löschwasserversorgung. Zumal im Krieg hatte dies große Bedeutung. Bereits 1936 hatte das RLM einen »Schlauchkw« mit einem Fassungsvermögen von 77 B-Schläuchen (= 1540 Meter) entwickeln lassen. Ab 1940 enthielt das Typenprogramm einen Schweren Schlauchkraftwagen (SSK), später mit S 3 bezeichnet, und einen Großen Schlauchkraftwagen (GSK), der später S 4,5 hieß. Die in Fahrtrichtung angeordneten Fächer ermöglichten das Auslegen der doppelt gerollten und gekuppelten Schläuche während der Fahrt. Beim größten Fahrzeug wurden rund 2000 Meter B-Schlauch untergebracht. Der Preis lag bei etwa 35000 RM.

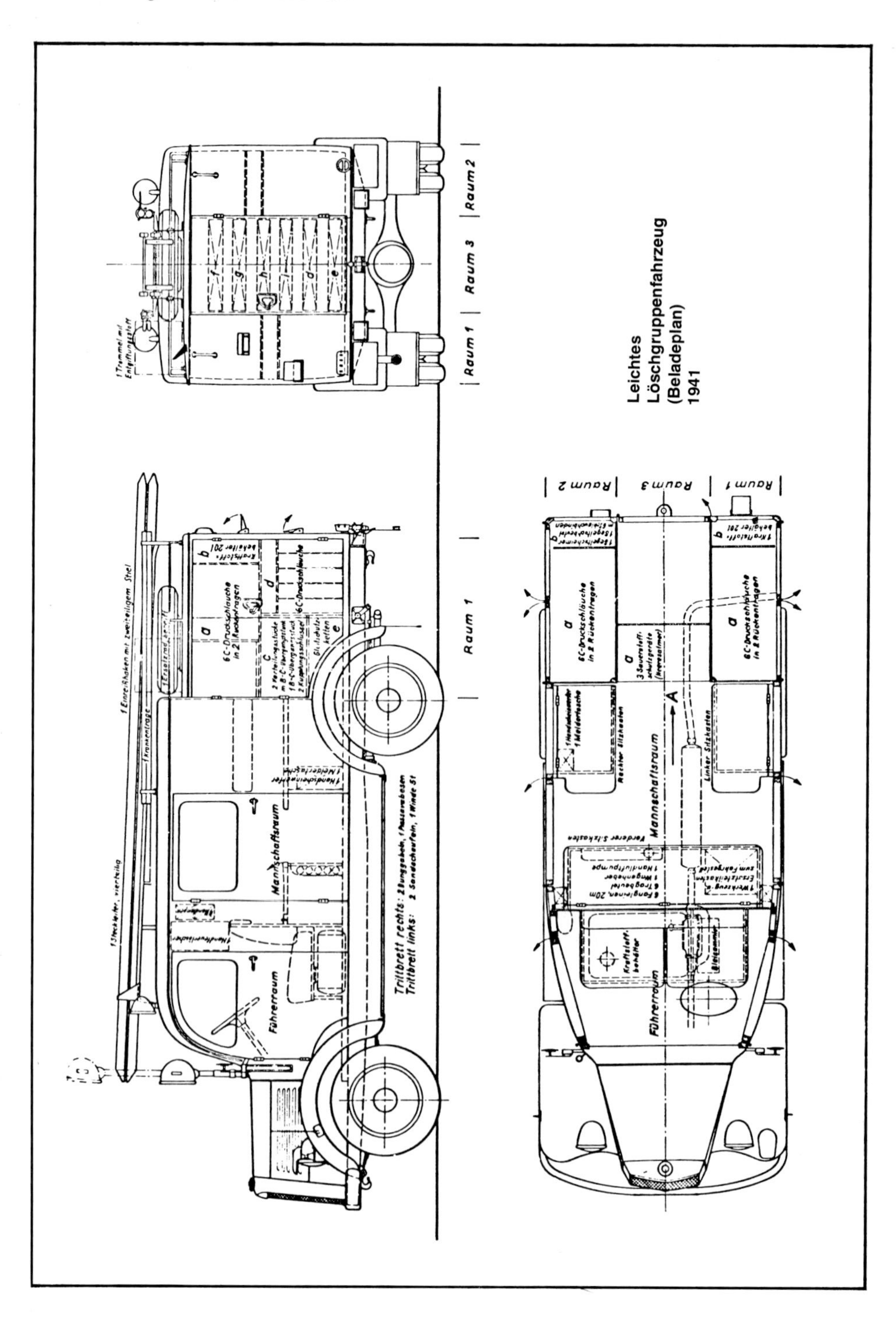

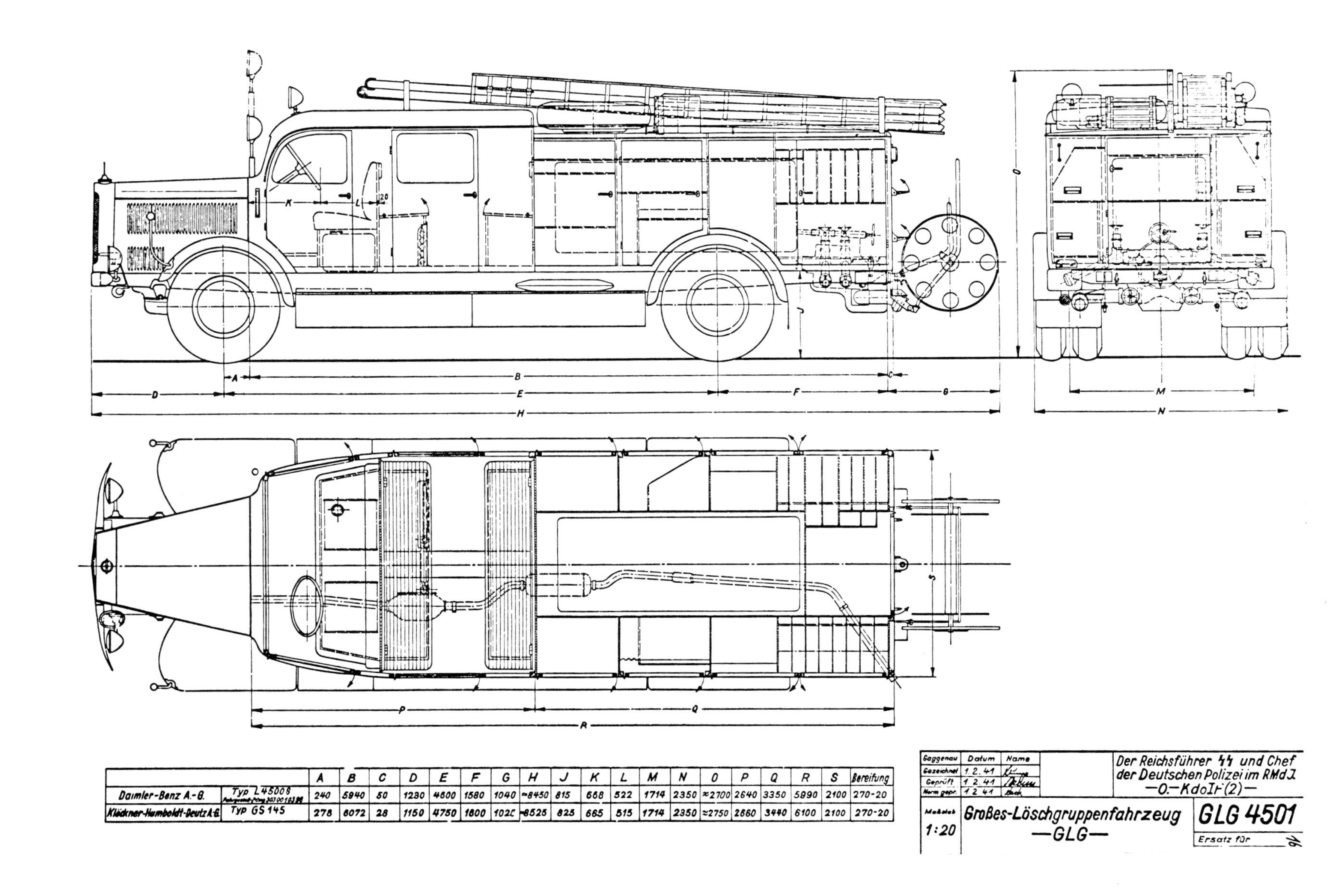

		A	B	C	D	E	F	G	H	J	K	L	M	N	O	P	Q	R	S	Bereifung
Daimler-Benz A.-G.	Typ L 4500 S	240	5840	50	1230	4600	1580	1040	≈8450	815	668	522	1714	2350	≈2700	2640	3350	5890	2100	270-20
Klöckner-Humboldt-Deutz A.-G.	Typ GS 145	278	6072	28	1150	4750	1800	1020	≈8525	825	665	515	1714	2350	≈2750	2860	3440	6100	2100	270-20

Opel-Blitz 1 to als Kraftzugspritze KzS 8 (Aufbau Magirus) der Bauserie 1937.

Opel-Blitz 1,5 to als Kraftzugspritze KzS 8 (Aufbau Magirus) der Bauserie ab Februar 1938.

Opel-Blitz 1,5 to mit serienmäßigem Fahrerhaus als Kraftzugspritze KzS 8 (Aufbau Rosenbauer). Die Firma Rosenbauer (Linz/Österreich) lieferte 1938 an das RLM 175 Stück dieses Modells.

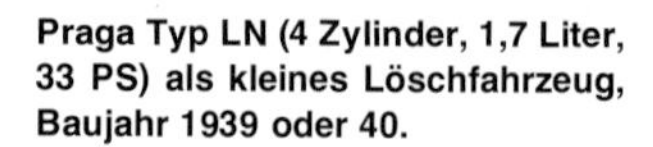

Praga Typ LN (4 Zylinder, 1,7 Liter, 33 PS) als kleines Löschfahrzeug, Baujahr 1939 oder 40.

Opel-Blitz 1,5 to (6 Zylinder, 2,5 Liter, 55 PS) mit Metz-Stahlleiter DL 17 (17 Meter Steighöhe, Leiterpark mit Handantrieb), geliefert 1938 zum Preis von 9275 Reichsmark an die Werkfeuerwehr der MAN Werk Gustavsburg. Das Fahrzeug ist heute noch einsatzfähig.

Mercedes-Benz Typ L 1500 mit handbetätigter Metz-Stahlleiter DL 17, Baujahr 1939, der Feuerwehrschule Regensburg. Foto aus dem Jahre 1974.

Mercedes-Benz Typ L 1500 mit handbetätigter Magirus-Stahlleiter DL 17, geliefert im Oktober 1941 an die Freiwillige Feuerwehr Neheim.

Die von der damaligen Staatsmacht angestrebte Vereinheitlichung der wichtigsten Feuerwehrfahrzeuge wurde weitgehend, aber nicht völlig erreicht, wie dieser Opel-Blitz 1,5 to als leichtes Löschfahrzeug mit 400 Liter-Tragespritze zeigt (Aufbau Koebe), den Landesbranddirektor Schnell (Celle) bauen ließ.

Mercedes-Benz Typ L 1500 als Leichtes Löschgruppenfahrzeug (LLG) Bauserie 1940/41. Das LLG mit Tragkraftspritzenanhänger galt damals als Einheitsausrüstung für die Freiwilligen Feuerwehren. Bild rechts: Freiwillige Feuerwehr der Hansestadt Hamburg. Bild unten: Freiwillige Feuerwehr Wasseralfingen.

Mercedes-Benz Typ L 1500 S als Leichtes Löschgruppenfahrzeug (LLG) Bauserie 1941/42. Ab 1943 wurden die LLG in LF 8 umbenannt.

Auch die tschechische Automobilindustrie mußte damals Feuerwehrfahrzeuge nach den deutschen Richtlinien bauen: Praga Typ RN (6 Zylinder, 3,5 Liter, 70 PS) als Leichtes Löschgruppenfahrzeug. Baujahr etwa 1940.

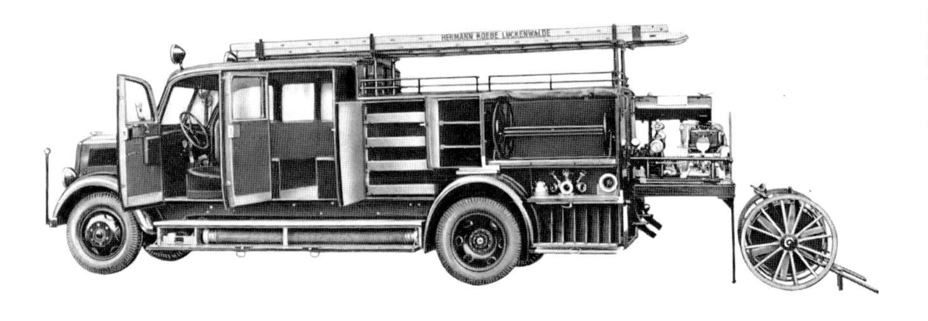

Opel-Blitz 3 to (Radstand 4200 mm) Baujahr 1938 als Schweres Löschgruppenfahrzeug (SLG, später LF 15). Preis etwa 12 000 RM. Aufbau: Hermann Koebe, Luckenwalde bei Berlin.

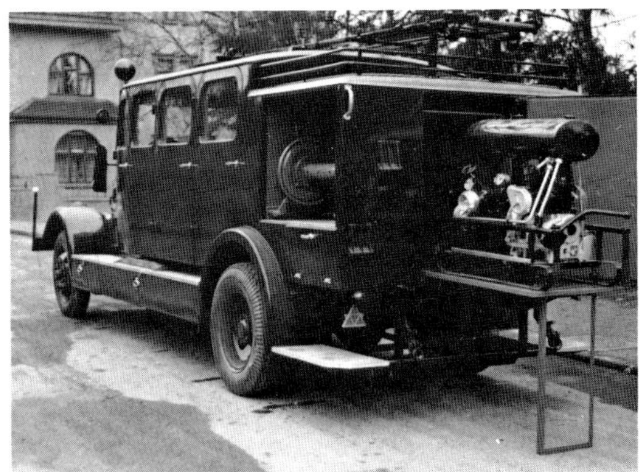

Magirus Typ M 27 a als Mannschaftswagen mit Schlauchtransporteinrichtungen und Tragkraftspritze (im Heck eingeschoben), geliefert 1938 an die Feuerlöschpolizei Stiftung Schorfheide.

Magirus Typ M 30 als Tankspritze F. S. 30 a, geliefert 1939 an die Siebel-Flugzeugwerke Halle.

Henschel Kraftfahrspritze KS 15 (Aufbau Magirus), geliefert im November 1938 an das RLM Berlin.

Magirus Typ L 145 mit wassergekühltem 125 PS Deutz Sechszylinder-Dieselmotor und typisierter Kraftfahrdrehleiter KL 26 (später DL 26) mit 26 Meter Steighöhe, Bauserie 1939/40. Im Bild eine Drehleiter der Feuerschutzpolizei Flensburg.

Magirus Typ M 145 mit wassergekühltem 125 PS Deutz Sechszylinder-Dieselmotor als Kraftfahrspritze KS 25 (später LF 25), Bauserie 1939/40. Die damaligen großen Feuerwehrfahrzeuge mit ihren gewaltigen Motorhauben machten einen imponierenden Eindruck. Im Bild ein Löschfahrzeug der Feuerschutzpolizei Dortmund.

Magirus Typ L 145 als Schlauchkraftwagen S 4,5, Bauserie 1940 für das RLM Berlin.

Mercedes-Benz Typ L 3750 mit 100 PS Sechszylinder-Dieselmotor als Kraftfahrspritze KS 25 (später LF 25) mit Metz-Aufbau, Baujahr etwa 1939. Im Bild ein Wagen der Berliner Feuerwehr, der bis 1967 im Dienst blieb.

Mercedes-Benz Typ LG 3000 als KS 25 bzw. LF 25 mit Vorbaupumpe. Baujahr etwa 1938. Dieses Fahrzeug lief nach dem Krieg bei der Münchener Feuerwehr und gehörte früher vermutlich der Luftwaffe.

Magirus Typ M 150 mit 125 PS Deutz Sechszylinder-Dieselmotor als Kraftfahrdrehleiter DL 46, geliefert im Januar 1939 nach »München – Hauptstadt der Bewegung«.

Mercedes-Benz Typ L 6500 mit 135 PS Sechszylinder-Dieselmotor als Kraftfahrdrehleiter DL 46 von Metz (Karlsruhe). Das Fahrzeug ging 1937 nach Berlin und blieb bis 1967 im Dienst.

Mercedes-Benz Typ L 3750 mit 100 PS Sechszylinder-Dieselmotor als Schlauchtenderwagen (Aufbau Magirus) für die Luftwaffe, Bauserie 1938/39.

Von diesem Schlauchtender in genau gleicher Ausführung baute auch die Firma Rosenbauer (Linz/Österreich) im Jahre 1939 für die Luftwaffe 30 Wagen.

Magirus Typ M 45 L als Kraftfahrtankspritze F.S. 45 mit 2000 Liter-Tank, geliefert Juni 1939.

Magirus Typ L 145 als Kraftfahrtankspritze F.S. 145, geliefert im September 1939 an die Feuerschutzpolizei Remscheid.

Henschel Typ 33 D 1 als Flugplatz-tankspritze TS 2,5 mit Vorbaupumpe, ab 1937 von Metz (Karlsruhe) an die Luftwaffe geliefert.

Die gleichen Aufbauten auf dem geländegängigen Henschel-Fahrgestell lieferte auch Magirus (Ulm). Die hier abgebildete Bauserie ging Ende Februar 1941 an die Luftwaffe.

Auf dem Fahrgestell des Einheits-Diesel-Lastwagens der Wehrmacht lieferte Magirus 1940 diese Drehleiter DL 22 an das OKH Berlin.

Klöckner-Deutz Typ S 330 von Ende 1940 als Schweres Löschgruppenfahrzeug (SLG, später LF 15).

Klöckner-Deutz Typ S 3000, Baujahr 1942, als SLG. Das abgebildete Fahrzeug läuft heute noch als LF 15 bei der Freiwilligen Feuerwehr Celle/Niedersachsen. Das Magirus-M auf der Kühlerverkleidung dieses Wagens wurde erst nach dem Krieg angebracht, denn von 1941 bis 1945 hieß die Markenbezeichnung Klöckner-Deutz.

Klöckner-Deutz Typ S 3000 als Kraftfahrtankspritze TSH 515, geliefert im Mai 1943 an ein Feuerschutzpolizei-Regiment.

Opel-Blitz 3 to als Kraftfahrspritze KS 15 (Aufbau Magirus), geliefert im April 1941 an die Luftwaffe.

Opel-Blitz 3,6–6700 A (Allrad-Antrieb) als Tanklöschfahrzeug TS 1,5, geliefert im Januar 1943 an die Luftwaffe.

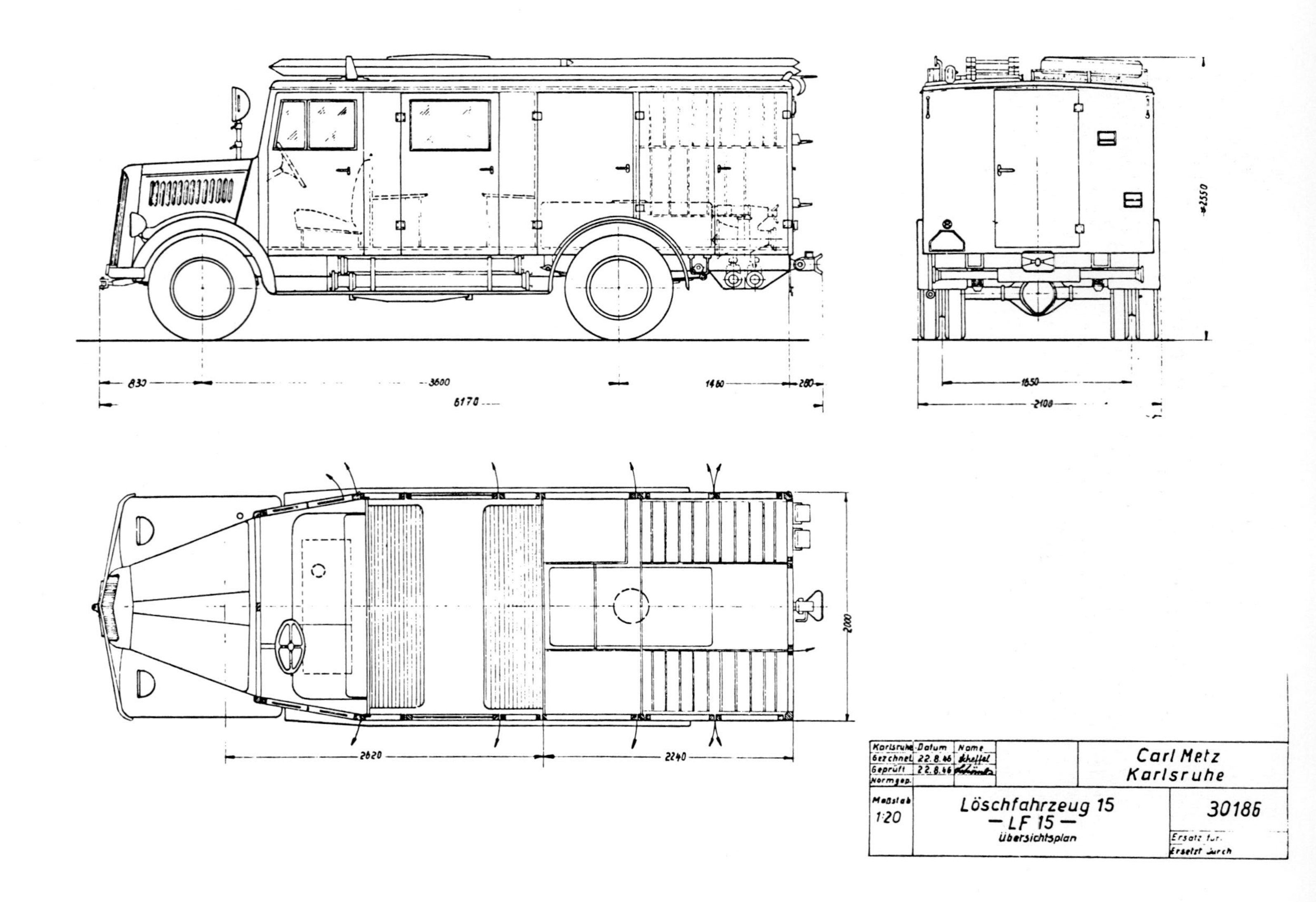

830
3600
1480
280
6170
1850
2100
2550
2000
2820
2240
Karlsruhe Datum Name
Gezchnet 22.8.46
Geprüft 22.8.46
Normgep.
Maßstab
1:20
Carl Metz
Karlsruhe
Löschfahrzeug 15
— LF 15 —
Übersichtsplan
30186
Ersatz für:
Ersetzt durch

Opel-Blitz 3 to als Löschfahrzeug LF 15 (Aufbau Magirus), Bauserie 1944. Gegen Ende des Krieges wurden Aufbau und Ausführung dieses Löschfahrzeuges weitestgehend vereinfacht. Außerdem bestand die äußere Verkleidung nicht mehr aus Stahlblech, sondern aus Hartfaserplatten, wie übrigens bereits seit längerer Zeit auch schon bei den LF 15 ursprünglicher Bauart auf Mercedes-Benz- und Opel-Blitz- Fahrgestellen.

Opel-Blitz 3 to (Allrad-Antrieb) als Tanklöschfahrzeug TLF 15 (Aufbau Magirus), Bauserie 1944.

Mercedes-Benz Typ L 4500 S als Kraftfahrspritze KS 25 (Aufbau Magirus), Bauserie 1941 für die Luftwaffe. Bild rechts: Ein gleicher Wagen (Aufbau Metz 1943) läuft heute noch als LF 25 bei der Freiwilligen Feuerwehr Celle/Niedersachsen.

Mercedes-Benz Typ L 4500 A (Allrad-Antrieb) als Tanklöschfahrzeug TLF 25 (Aufbau Magirus), geliefert im September 1944 an die Luftwaffe.

Neue Aufgaben und neue Fahrzeuge für die Feuerwehr von heute

Durch die Kriegsereignisse und die Wirren der ersten Nachkriegszeit war mindestens die Hälfte des Fahrzeugbestandes der Feuerwehren verlorengegangen. Die amtliche Statistik von 1950 enthielt nur noch 5075 Feuerwehrfahrzeuge. Der Fehlbestand war also hoch, doch konnte erst Jahre nach der Währungsreform wieder ein nennenswerter Zuwachs an Fahrzeugen erfolgen. Noch 1958 rechnete man mit einem Nachholbedarf von mindestens 5000 Löschfahrzeugen, um die Kriegsjahrgänge ausmustern zu können.

Auf der Hannover-Messe 1950 zeigte die deutsche Feuerwehrgeräteindustrie endlich wieder ein etwas breiteres Programm von Fahrzeugen und Geräten. Gebr. Bachert (Kochendorf) und Magirus (Ulm) stellten beide je ein Löschfahrzeug LF 8 auf 1,5 t Opel-Blitz und die Niedersächsische Waggonfabrik Joseph Graaff (Elze/Hann.) ein LF 8 auf 2 t Ford-Fahrgestell aus. Magirus zeigte außerdem eine Drehleiter DL 22. Die damaligen Löschfahrzeuge LF 8, LF 15 und TLF 15 stammten hauptsächlich von den Aufbauherstellern Bachert, Graaff, Magirus, Metz und Meyer-Hagen. Vor allem wurden Tanklöschfahrzeuge gekauft, obwohl es dringender gewesen wäre, die veralteten Löschgruppenfahrzeuge zu ersetzen. 1948 wurde von Magirus und Metz die erste Nachkriegskonstruktion herausgebracht: das TLF 15/48 mit am Heck offenem Aufbau und 2400 Liter-Tank. 1950 folgte das TLF 15/50 in der sogenannten »Omnibusform«. Diese gefiel vielleicht dem damaligen Zeitgeschmack, doch fertigungstechnisch war sie unpraktisch und teuer, zudem der Innenraum unnötig beengt.

Eine bedeutsame Verbesserung brachte im Jahre 1951 der durch die Firma Gebr. Bachert eingeleitete Übergang zur Ganzstahlbauweise für Löschfahrzeuge. Erstmalig wurden zwei LF 8 auf 4,5 t Mercedes-Benz-Fahrgestellen mit Ganzstahlaufbau an den Kreis Schleiden (Nordrhein-Westfalen) geliefert. Anschließend erteilte die Hamburger Feuerwehr die ersten Großaufträge für Löschfahrzeuge in Ganzstahlbauweise. Ab 1955 wurde diese Bauart für Feuerwehrfahrzeuge als Norm vorgeschrieben. (Bereits 1952 hatte der Fachnormenausschuß Feuerlöschwesen Baurichtlinien für die 9 wichtigsten Löschfahrzeugtypen festgelegt.)

Neue Aufbau-Hersteller kommen zu den bereits eingeführten Firmen hinzu und gewinnen rasch an Bedeutung: 1950 Schlingmann (Dissen), 1953 Heines-Wuppertal (Gruiten) und vor allem, ebenfalls 1953, die Albert Ziegler KG. (Giengen/Brenz).

Die Frontlenker-Bauart, von Daimler-Benz ab 1956 als »Pullman-Ausführung« übernommen, führt sich auch bei den Feuerwehrfahrzeugen ein. Kurzer Radstand, kleiner Wendekreis und gute Sicht nach vorn zählen schließlich gerade hier als nützliche Errungenschaften. Inzwischen haben sich die Frontlenker weitgehend durchgesetzt.

Auch inbezug auf die Motoren brachte die Nachkriegszeit wichtige Fortschritte. Magirus führte 1948 den luftgekühlten Dieselmotor ein. Daimler-Benz ging 1963 zum Dieselmotor mit Direkteinspritzung über, ab 1965 auch Magirus. Die Aufladung wird als wirtschaftlichste Methode der Leistungssteigerung vor allem von Daimler-Benz angewendet, doch gibt es bei der gleichen Firma seit 1970 auch Saugmotoren in V-Form mit Leistungen von 190 bis 430 PS.

Das nach Norm erforderliche Mindest-Leistungsgewicht von 12 PS/t Gesamtgewicht wird von allen Fahrgestellfirmen mühelos erreicht. Der Trend liegt heute bei 15 PS/t. Mit Sorge betrachten die Feuerwehren allerdings die ständig wachsenden Leer- und Gesamtgewichte, wogegen sich die Nutzlasten keineswegs entsprechend vergrößern, sondern sogar verringern.

Vermutlich hat nun auch das Zeitalter der Automatic-Getriebe bei den schweren Feuerwehrfahrzeugen begonnen. Die Berliner Feuerwehr stellte als erste 1974 einen kompletten Löschzug mit automatischem Getriebe in Dienst. Die Fahrzeuge (ein TLF 16, ein LF 16 und eine DL 30) sind auf Haubenfahrgestellen der MAN aufgebaut, wobei die amerikanische Allison-Automatic Anwendung findet. Es ist zweifellos zu begrüßen, wenn dem Feuerwehrfahrer vor allem bei Alarmeinsätzen die Schalterei erspart bleibt, so daß er sich noch besser auf den Straßenverkehr konzentrieren kann.

Die allgemeinen technischen Anforderungen an Feuerwehrfahrzeuge sind recht umfassend in DIN 14502 Teil 2 festgelegt. Dieses Normblatt enthält auch sicherheitstechnische Festlegungen im Sinne des Gesetzes über technische Arbeitsmittel. Beispielsweise sind folgende Bestimmungen vom Hersteller und vom Anwender zu beachten:

- Nach Möglichkeit sind handelsübliche Fahrgestelle oder Fahrzeuge zu verwenden, für die eine allgemeine Betriebserlaubnis nach § 20 StVZO vorliegt.

- Das bis zum zulässigen Gesamtgewicht ausgerüstete Fahrzeug muß bei betriebswarmem Motor innerhalb 40 Sekunden von 0 auf mindestens 60 km/h Geschwindigkeit beschleunigt werden können.

- Der Fahrzeugmotor als Antrieb für eine Feuerlösch-Kreiselpumpe muß bei Außentemperaturen zwischen – 15°C und + 35°C ohne Überschreitung der vom Hersteller zugelassenen Erwärmung für Motor und Getriebe mindestens zwei Stunden lang den Dauerbetrieb der Pumpe gestatten. Während des Dauerbetriebes dürfen weder Kühl- noch Schmiermittel erneuert oder ergänzt werden. Sinngemäß gilt diese Forderung auch für alle anderen vom Fahrzeugmotor angetriebenen Aggregate (z. B. Stromerzeuger).

- Beim Dauerbetrieb des Fahrzeugmotors im Stand darf durch erwärmte Kühlluft und durch Auspuffrohre keine schädliche Erwärmung der feuerwehrtechnischen Beladung im Aufbau und der fest eingebauten Aggregate eintreten.

- Allradangetriebene Fahrzeuge müssen so verschränkungsfähig sein, daß ein Auffahren auf zwei diagonal zu der Standfläche angeordnete Erhöhungen von mindestens 200 mm zulässig ist.

- Für die Bereifung darf im Kraftfahrzeugbrief kein bestimmtes Fabrikat vorgeschrieben werden. Bei Allradantrieb ist eine Mehrzweckbereifung für Straße und Gelände vorzusehen. Die Verwendung von Schneeketten muß auf allen angetriebenen Rädern bei jeder Belastung möglich sein.

- Der Kraftstoffbehälter muß für einen Fahrbereich von mindestens 400 km ausgelegt sein.

- Das Aufbaugerippe ist aus Stahl, Leichtmetall oder gleichwertigem Werkstoff herzustellen. Dach und Aufbauhaut müssen aus nichtbrennbarem Werkstoff bestehen. Fahrer- und Mannschaftsraum müssen räumlich eine Einheit bilden. Die Windschutzscheibe muß aus Verbundglas bestehen.

Für die Normung der wichtigsten Löschfahrzeug-Typen sprechen gute Gründe. Die Einsatzleiter müssen aus taktischen Erwägungen die Ausrüstung und damit den Einsatzwert der zur Verfügung stehenden Fahrzeuge kennen. Die Zusammenarbeit mehrerer Einheiten an einer Einsatzstelle muß gewährleistet sein. Jeder Beschaffer muß auch ohne Spezialkenntnisse

Einteilung der Feuerwehrfahrzeuge nach DIN 14502

Feuerwehrfahrzeuge

Feuerwehrfahrzeuge sind für den Einsatz der Feuerwehr besonders gestaltete Kraftfahrzeuge und Anhängefahrzeuge, die – entsprechend dem vorgesehenen Verwendungszweck – zur Aufnahme der Besatzung, der feuerwehrtechnischen Beladung sowie der Lösch- und sonstigen Einsatzmittel eingerichtet sind.

1. Löschfahrzeuge

Löschfahrzeuge werden vornehmlich zur Brandbekämpfung und zur Förderung von Wasser sowie zur Durchführung technischer Hilfeleistungen kleineren Umfanges verwendet.

- Löschgruppenfahrzeuge
- Tragkraftspritzenfahrzeuge
- Tanklöschfahrzeuge
- Trockenlöschfahrzeuge
- Trocken-Tanklöschfahrzeuge
- Sonstige Löschfahrzeuge

2. Hubrettungsfahrzeuge

Hubrettungsfahrzeuge werden vornehmlich zur Rettung von Menschen aus Notlagen sowie zur Brandbekämpfung und zur Durchführung technischer Hilfeleistungen verwendet.

- Drehleitern mit oder ohne Rettungskorb
- Gelenkmaste mit Rettungskorb
- Teleskopmaste mit Rettungskorb

3. Rüst- und Gerätewagen

Rüst- und Gerätewagen enthalten die zur Ausführung technischer Hilfeleistungen – auch großen Umfangs – erforderlichen Geräte und Einsatzmittel.

- Rüstwagen
- Rüstwagen-Öl
- Gerätewagen
- Gerätewagen-Öl
- Gerätewagen-Atemschutz
- Gerätewagen-Strahlenschutz
- Gerätewagen-Wasserrettung

4. Schlauchwagen

Schlauchwagen werden zum Nachschub von Schläuchen und Armaturen sowie zum Verlegen von Druckschläuchen über lange Strecken verwendet.

5. Sanitätsfahrzeuge

Sanitätsfahrzeuge sind Spezialfahrzeuge für den Rettungsdienst und die Kranken- und Verletztenbeförderung.

- Krankentransport- und Rettungswagen
- Großraumkrankentransportwagen
- Notarztwagen
- Arztwagen
- Sonstige Sanitätsfahrzeuge (für Straße, Wasser und Luft)

6. Sonstige Feuerwehrfahrzeuge

Sonstige Feuerwehrfahrzeuge sind ihrem besonderen Verwendungszweck entsprechend gestaltete und ausgerüstete Spezialfahrzeuge.

- Kranwagen
- Rüstkranwagen
- Kommandowagen
- Einsatzleitwagen
- Anhängefahrzeuge u. a.

die Gewähr haben, daß die Fahrzeuge in einwandfreier Ausführung gebaut sind. Und schließlich ist eine Typenbegrenzung auch aus wirtschaftlicher Sicht sinnvoll.

Anders als bis 1945 kann die Einhaltung der Normen heute allerdings nicht mehr erzwungen werden. Die Aufsichtsbehörden bei den Innenministerien der Länder hatten und haben nur insofern eine Möglichkeit der Überwachung, als sie die Zuschüsse aus dem Aufkommen der Feuerschutzsteuer nur bei normgerechter Fahrzeugbeschaffung bewilligen.

Löschgruppenfahrzeug LF 8

Löschgruppenfahrzeuge vom Typ LF 8 sind mit ihrer Besatzung (1 Fahrer + 8 Mann) selbständige taktische Einheiten. Sie werden hauptsächlich zur Brandbekämpfung, zur Förderung von Wasser sowie für kleine technische Hilfeleistungen verwendet. Das LF 8 besitzt eine vom Fahrzeugmotor angetriebene, fest eingebaute Feuerlösch-Kreiselpumpe FP 8/8 (Förderleistung 800 Liter/min), die als Frontpumpe ein- oder angebaut ist. Eine Tragkraftspritze wird im Wagen eingeschoben. Löschgruppenfahrzeuge vom Typ LF 8 werden heute nur noch mit Seitenbeladung geliefert. Die früher ebenfalls genormte Ausführung des LF 8, bei welcher aus Gewichts- und Preisgründen die feuerwehrtechnische Beladung über die Hecköffnung erfolgte, wurde 1972 aufgegeben. Eingebürgert haben sich bei der Feuerwehr die an sich nicht genormten Begriffe »LF 8 leicht« (Gesamtgewicht bis 5500 kg), »LF 8 mittel« (Gesamtgewicht bis 6500 kg) und »LF 8 schwer« (Gesamtgewicht bis 7500 kg). Für diese Fahrzeuge ist sowohl Straßen- als auch Allradantrieb zulässig. Vorzugsweise kommen folgende Fahrgestelle zur Verwendung:

- LF 8 (leicht): Mercedes-Benz LF 319, LF 408 G und LF 409
Opel-Blitz 2,4 t, Magirus Deutz M 90 D 5,6 F
- LF 8 (mittel): Mercedes-Benz LP 608
- LF 8 (schwer): Mercedes-Benz LF bzw. LAF 911 B
Magirus-Deutz 100, 120 und 130 D 7 F bzw. FA

Löschgruppenfahrzeug LF 16 und LF 16-TS

Löschgruppenfahrzeuge vomTyp LF 16 sind mit ihrer Besatzung (1 + 8) selbständige taktische Einheiten. Sie werden hauptsächlich zur Brandbekämpfung, zur Förderung von Wasser sowie für technische Hilfeleistungen kleinen Umfanges verwendet. Sie besitzen eine vom Fahrzeugmotor angetriebene, fest eingebaute Feuerlösch-Kreiselpumpe FP 16/8 (Förderleistung 1600 Liter/min) im Heck und einen fest eingebauten Löschwasserbehälter von mindestens 800 bis höchstens 1600 Liter nutzbarem Inhalt. Das zulässige Gesamtgewicht darf 11 000 kg nicht überschreiten. Je nach Bedarf kann Straßen- oder Allradantrieb vorgesehen werden. Das LF 16 ist der bedeutendste und wichtigste Löschfahrzeugtyp der Feuerwehren in Deutschland. Das günstige Verhältnis von Mannschaftsstärke, Löscheinrichtungen und feuerwehrtechnischer Beladung einerseits, der vernünftigen Beschränkung von Gesamtgewicht und Abmessungen andererseits ermöglichen mit dem LF 16 besonders schlagkräftige und vielseitige Einsätze bei der Berufs-, Freiwilligen und Werk-Feuerwehr.

Eine Abart des LF 16 ist das LF 16-TS. Hier ist die FP 16/8 als Frontpumpe ausgeführt, und statt des Löschwasserbehälters ist eine Tragkraftspritze in den Aufbau eingeschoben.

Nur selten kommt schließlich das Löschgruppenfahrzeug LF 32 vor, gekennzeichnet durch eine fest eingebaute Pumpe (3200 Liter/min) und 1600 Liter-Löschwasserbehälter.

Für das LF 16 und LF 16-TS kommen vorzugsweise folgende Fahrgestelle zur Verwendung:

Mercedes-Benz	LF 3500, LF bzw. LAF 311, LPF 311, LF bzw. LAF 322, LPF 911, LF bzw. LAF 1113 B, 1017 F bzw. AF
Magirus-Deutz	150 D 10 (A), 170 D 11 F(A)
MAN	415 H(A), 450 H(A)-LF, 11 168 H(A)-LF

Kurzbezeichnungen der Feuerwehr-Kraftfahrzeuge

Löschgruppenfahrzeug (mit FP 8/8)	LF 8
Löschgruppenfahrzeug (mit FP 16/8)	LF16
Löschgruppenfahrzeug (mit FP 16/8 und Tragkraftspritze)	LF 16-TS
Tragkraftspritzenfahrzeug	TSF
Tragkraftspritzenfahrzeug (mit Truppbesatzung)	TSF (T)
Tanklöschfahrzeug (mit FP 8/8)	TLF 8
Tanklöschfahrzeug (mit FP 16/8)	TLF 16
Tanklöschfahrzeug (mit FP 16/8, Truppbesatzung)	TLF 16 (T)
Tanklöschfahrzeug (mit FP 24/8 und 5000 Liter-Tank)	TLF 24/50
Trockenlöschfahrzeug (mit 500 kg Löschpulver)	TroLF 500
Trockenlöschfahrzeug (mit 750 kg Löschpulver)	TroLF 750
Trockenlöschfahrzeug (mit 1500 kg Löschpulver)	TroLF 1500
Trocken-Tanklöschfahrzeug	TroTLF 16
Zubringerlöschfahrzeug	ZB
Großtanklöschfahrzeug	GTLF
Flugplatzlöschfahrzeug	FLF
Zumischerlöschfahrzeug	ZLF
Drehleiter (mit 22 m Nennsteighöhe)	DL 22
Drehleiter (mit 30 m Nennsteighöhe)	DL 30
Drehleiter mit Korb	DLK
Gelenkmast	GM
Teleskopmast	TM
Rüstwagen (Größe 1)	RW 1
Rüstwagen (Größe 2)	RW 2
Rüstwagen (Größe 3)	RW 3
Rüstwagen (Größe 3, Staffelbesatzung)	RW 3-St
Rüstwagen-Öl	RW-Öl
Vorausrüstwagen	VRW
Gerätewagen	GW
Gerätewagen-Öl	GW-Öl
Vorausgerätewagen	VGW
Schlauchwagen (mit 1000 m B-Schlauch)	SW 1000
Schlauchwagen (mit 2000 m B-Schlauch)	SW 2000
Schlauchwagen (mit 2000 m B-Schlauch, Truppbesatzung)	SW 2000(T)
Krankentransportwagen	KTW
Rettungswagen	RTW
Notarztwagen	NAW
Kranwagen	KW
Rüstkranwagen	RKW
Einsatzleitwagen	ELW
Wechselaufbaufahrzeug	WAF

Tragkraftspritzenfahrzeug TSF

Bei den Tragkraftspritzenfahrzeugen unterscheidet man die Typen TSF und TSF (T). Das TSF ist mit seiner Besatzung (1 + 5) eine kleine selbständige taktische Einheit, hauptsächlich zur Bekämpfung von Bränden kleinen Umfangs bestimmt. Das TSF (T) hingegen, nur mit einem Löschtrupp (1 + 2) besetzt, dient hauptsächlich zum Transport der feuerwehrtechnischen Beladung, zu der bei beiden Ausführungen eine Tragkraftspritze gehört.

Die Tragkraftspritzenfahrzeuge besitzen keine fest eingebaute Feuerlösch-Kreiselpumpe. Das zulässige Gesamtgewicht darf 3000 bzw. neuerdings 3500 kg nicht überschreiten. Man charakterisiert diese Fahrzeuge am treffendsten als »motorisierte Anhänger«. Sie stellen die erste Stufe der Motorisierung kleiner und kleinster Freiwilliger Feuerwehren dar, die nur über eine Tragkraftspritze mit Zubehör verfügen. Anteilmäßig stellen die TSF heute die größte Gruppe unter den Löschfahrzeugen dar. Die 1952 normmäßig festgelegten KLF-TS 6 sind als ihre Vorläufer anzusehen. Der vielerorts unternommene Versuch freilich, die TSF durch Beladung mit zusätzlichem technischen Hilfsgerät zu einer Art Mini-Gerätewagen (ungenormte Bezeichnung TSF/GW) werden zu lassen, muß aus feuerwehrtaktischen Gründen abgelehnt werden. Es bedeutet eine Verkennung ihrer Aufgaben und technischen Möglichkeiten. Im übrigen machen einige zusätzliche technische Geräte noch keinen Geräte- oder gar Rüstwagen aus.

Als Tragkraftspritzenfahrzeuge eignen sich praktisch alle handelsüblichen Kastenwagen in Transportergröße, ohne daß große Umbauten erforderlich wären. Zum Einsatz kommen hauptsächlich Kastenwagen der Marken Mercedes-Benz, Ford Transit, Hanomag-Henschel sowie VW Typ 2 und VW LT 31.

Tanklöschfahrzeug TLF 8

Tanklöschfahrzeuge vom Typ TLF 8 eignen sich dank ihres Löschwasservorrats für den sogenannten Schnellangriff und außerdem zur Versorgung einer Brandstelle mit Löschwasser im Pendelverkehr. Das TLF 8 besitzt eine vom Fahrzeugmotor angetriebene, im Heck eingebaute Feuerlösch-Kreiselpumpe FP 8/8, einen fest eingebauten Löschwasserbehälter von 1800 Liter nutzbarem Inhalt und als Besatzung einen Löschtrupp (1 + 2). Das zulässige Gesamtgewicht darf 7500 kg nicht überschreiten. Es kann je nach Bedarf Straßen- oder Allradantrieb vorgesehen werden. Das TLF 8 erfüllt die Forderung vieler Freiwilliger Feuerwehren nach einem Tanklöschfahrzeug, das noch mit dem Führerschein Klasse 3 gefahren werden darf.

Eine Abart des TLF 8 ist ds TLF 8 (S), das sogenannte »Niedersachsen-TLF«. Das speziell für dieses Bundesland gebaute Modell besitzt einen Löschwasserbehälter von mindestens 2400 Liter Inhalt. Bei Allradantrieb darf das zulässige Gesamtgewicht bis 9000 kg betragen.

Für das TLF 8 kommen hauptsächlich folgende Fahrgestelle zur Verwendung:

Mercedes-Benz LF 319 B, LP 813, LAF 911 B
Magirus-Deutz 120 D 7 F (A)

Tanklöschfahrzeug TLF 16

Auch dieser Typ ist für den Schnellangriff sowie als Wasserzubringer im Pendelverkehr gedacht. Im Gegensatz zum TLF 8 besitzt das TLF 16 im Heck eine Kreiselpumpe FP 16/8, einen Löschwasserbehälter von 2400 Liter Inhalt und als Besatzung eine Löschstaffel (1 + 5 Mann). Das höchstzulässige Gesamtgewicht beträgt 11 000 kg. Es kommt Straßen- oder Allradantrieb in Betracht. Zur Verwendung kommen die gleichen Fahrgestelle wie beim LF 16.

Das TLF 16 bildet zusammen mit dem LF 16 und der Drehleiter den Löschzug (Dreifahrzeugzug) der meisten Berufsfeuerwehren. Das TLF 16 kann als Fahrzeug des ersten Angriffs

Preise der wichtigsten Feuerwehrfahrzeuge

Ungefähre Preise der kompletten Fahrzeuge einschließlich feuerwehrtechnischer Beladung und Mehrwertsteuer. Stand 1976.

LF 8 (leicht)	ca. DM 96 000
LF 8 (mittel)	ca. DM 127 000
LF 8 (schwer)	ca. DM 157 000
LF 16	ca. DM 185 000
TroTLF 16	ca. DM 187 000
LF 16-TS	ca. DM 173 000
TLF 8	ca. DM 116 000
TLF 16	ca. DM 156 000
TLF 24/50	ca. DM 228 000
GW	ca. DM 90 000
RW 1	ca. DM 173 000
RW 2	ca. DM 280 000
RW 3	ca. DM 300 000
SW 1000	ca. DM 83 000
SW 2000	ca. DM 158 000
DL 22	ca. DM 150 000 – 200 000
DL 30	ca. DM 320 000 – 350 000

Statistik 1974

	Berufs-feuerwehren	Freiwillige Feuerwehren	Werk-feuerwehren
Anzahl	64	25 414	1 450
Personalstärke	17 700	787 400	35 000
Brandeinsätze	37 729	49 293	
Technische Hilfeleistungen	93 657	51 887	
Notfalltransporte	408 522	103 029	
Krankentransporte	514 512	619 884	
Sonstige Einsätze	89 257	13 509	
Einsätze insgesamt	1 143 677	837 602	151 118
Löschfahrzeuge*	982	24 035	917
Hubrettungsfahrzeuge*	261	879	43
Rüst- und Gerätewagen*	357	1 252	115
Sonstige Kraftfahrzeuge*	1 590	3 155	398
Kraftfahrzeuge insgesamt	3 190	29 325	1 473

* einschl. 2 460 KatS-Fahrzeuge des Bundes

sofort eingesetzt werden, aber es hat gegenüber dem LF 16 weniger feuerwehrtechnische Beladung und weniger Besatzung. Bei Freiwilligen Feuerwehren sollte daher ein TLF erst dann beschafft werden, wenn schon ein Löschgruppenfahrzeug vorhanden ist.

Eine Abart des TLF 16 ist das TLF 16 (T) mit Löschtrupp-Besatzung, 1600 Liter-Pumpe und 2800 Liter-Wasserbehälter.

Trockenlöschfahrzeug TroLF

Trockenlöschfahrzeuge setzen Pulver als Löschmittel ein. Beabsichtigt werden damit in der Hauptsache Schnellangriffe bei Flüssigkeits- und Gas- sowie bei Flugzeugbränden. Genormt sind die drei Typen TroLF 500, TroLF 750 und TroLF 1500, die fest eingebaute Pulverlöschanlagen mit 500, 750 bzw. 1500 kg Löschpulvervorrat besitzen. Das zulässige Gesamtgewicht darf 3000, 7500 bzw. 10000 kg nicht überschreiten. Beim TroLF 500 ist nur Straßenantrieb, bei den anderen beiden Typen auch Allradantrieb zulässig.

Von den Normen nicht erfaßt werden alle Trockenlöschfahrzeuge mit wesentlich größerem Löschpulvervorrat, wie sie vor allem bei Werkfeuerwehren in Raffinerien und bei Flughafenfeuerwehren stationiert sind. Hier fassen die Löschpulverbehälter von 2000 über 4000 bis zu 6000 kg. Da meistens zwei gleich große Behälter auf einem Fahrgestell untergebracht werden, ergeben sich somit Vorratsmengen bis zu 12000 kg.

Als Treibgas zum Ausstoß des Löschpulvers wird Stickstoff oder Preßluft benützt. Die Großbehälteranlagen stehen unter einem ständigen Druck von etwa 30 bar. Die unvermeidlichen Leckageverluste werden durch Nachladen aus stationären Treibgasflaschen oder durch automatisch gesteuerte Druckhaltekompressoren ausgeglichen.

Trocken-Tanklöschfahrzeug TroTLF 16

Das Trocken-Tanklöschfahrzeug TroTLF 16 kann einen Schnellangriff entweder mit Wasser oder mit Pulver oder auch mit beiden Löschmitteln gleichzeitig durchführen. Das Fahrzeug besitzt eine von dessen Motor angetriebene, fest im Heck eingebaute Feuerlösch-Kreiselpumpe FP 16/8, einen fest eingebauten Löschwasserbehälter von 1800 Liter Inhalt und eine fest eingebaute Pulverlöschanlage mit 750 kg Löschpulvervorrat. Als Besatzung fährt eine Löschstaffel (1 + 5 Mann) mit. Das höchstzulässige Gesamtgewicht beträgt bei Straßenantrieb 11000 kg, bei Allradantrieb 11500 kg. Der besondere Vorteil des TroTLF 16 liegt darin, daß die drei Löschmittel Wasser, Schaum (in tragbaren Behältern) und Pulver stets sofort verfügbar sind. Bei mehreren Berufsfeuerwehren ist daher das TroTLF 16 anstelle des TLF 16 in den Löschzug (Dreifahrzeugzug) eingegliedert. Der Prototyp des Trocken-Tanklöschfahrzeugs wurde 1958 von Magirus in Zusammenarbeit mit der Firma Total entwickelt und nannte sich »Trowa« (Trocken-Wasser). Zur Verwendung kommen die gleichen Fahrgestelle wie beim LF 16 und TLF 16.

Tanklöschfahrzeug TLF 24/50

Dieser Fahrzeugtyp dient hauptsächlich zur Brandbekämpfung bei Verkehrsunfällen, vor allem auf Autobahnen. Vorhanden sind eine fest im Heck eingebaute Feuerlösch-Kreiselpumpe FP 24/8, ein fest eingebauter Löschwasserbehälter von 5000 Liter Inhalt, ein fest eingebauter Schaummittelbehälter von 500 Liter Inhalt und ein fest eingebauter Schaum-Wasserwerfer. Die Besatzung besteht aus einem Löschtrupp (1 + 2 Mann). Die zunehmende Zahl von Bränden bei Straßenfahrzeugen, insbesondere nach Verkehrsunfällen, machte die Schwierigkeit der Wasserversorgung auf Autobahnen und Fernstraßen deutlich. So entstand Bedarf nach einem großen Tanklöschfahrzeug, das gegenüber dem TLF 16 etwa den doppelten Wasservorrat mit- und zusätzlich einen sofortigen Löschangriff mit Schaum durchführen kann. Die Normung dieses Fahrzeugtyps wird vorbereitet. Das Gesamtgewicht soll danach auf 16000 kg begrenzt werden. Allradantrieb steht zur Wahl. Schon bisher wurden zahlreiche TLF 24/50 von Berufs- und Freiwilligen Feuerwehren beschafft, wobei es allerdings in manchen Fällen zu Achslastüberschreitungen und ungünstigen Achslastverteilungen kam. Als Fahrgestelle eignen sich:

Mercedes-Benz LF bzw. LAF 1519, LAK 1624, 1719 AK
Magirus-Deutz 232 D 16 F(A)

Großtanklöschfahrzeug GTLF

In den siebziger Jahren legten sich mehrere Berufsfeuerwehren große Tanklöschfahrzeuge zu, deren nutzbarer Löschwasserinhalt noch weit über den des zur Normung vorgesehenen TLF 24/50 hinausgeht.

Die BF Frankfurt besitzt seit 1972 zur Abdeckung von speziellen Risiken in der chemischen Industrie und auf dem Rhein-Main-Flughafen das zur Zeit wohl größte und vielfältigste Angebot an Großtanklöschfahrzeugen. Sie reichen von 6000 über 12000 und 18000 bis zu 24000 Liter Wasservorrat. Zwei Ausführungen sind hier von besonderem technischen Interesse.

Das GTLF 18 entspricht mit seinem Faun 8x8-Fahrgestell und seinem Löschmittelvorrat den Flugplatz-Tanklöschfahrzeugen heutiger Bauart, besitzt aber je ein Fahrerhaus mit vollwertigem Fahrerstand vorn und am Heck. Mit dieser bei Feuerwehrfahrzeugen bisher einmaligen Konzeption soll das schwierige Rückwärtsfahren in engen Straßen sowie das Wenden vermieden werden. Allerdings wird stets das gleiche Achspaar gelenkt, so daß man sich bei Rückwärtsfahrt mit Hinterachslenkung abfinden muß. Jeweils ein Lenksystem wird automatisch blockiert. Die beiden Fahrmotoren sind in den Frontlenker-Fahrerhäusern untergebracht und erfordern wegen der gegenläufigen Drehrichtungen ein besonderes Umkehrgetriebe.

Das GTLF 24 wurde als Sattelzug von der Firma Ziegler gebaut. Der Sattelauflieger enthält 4 Kammern zu je 6000 Liter Inhalt. Diese können mit Löschwasser, aber zwecks besserer Ausnützung des Sonderfahrzeugs auch mit brennbaren Flüssigkeiten der Gefahrklasse A I befüllt werden. Somit steht dieses GTLF 24 auch als Rüstwagen-Öl zur Verfügung. Das Fahrzeug enthält weiterhin eine Feuerlösch-Kreiselpumpe, einen 1000 Liter-Schaummitteltank und ein Wenderohr zur Abgabe von Wasser oder Schaum. Mit etwa 38 t Gesamtgewicht ist es, von Flugplatzlöschfahrzeugen abgesehen, das schwerste Löschfahrzeug in Deutschland.

Das nach der StVZO höchstzulässige Gesamtgewicht von 22 t für Dreiachsfahrgestelle nutzen die GTLF 8 und GTLF 5 der BF Duisburg aus, die 8000 bzw. 5000 Liter Löschwasser mitführen. Verwendet werden hier Fahrgestelle Mercedes Benz LPK 2232 6x6 und LPK 2632 6x6. Günstig sind zwar Achslastverteilung und Leistungsgewicht, doch wäre für viele Feuerwehren ein Dienstgewicht von 22 t im Hinblick auf Straßen und Brücken im Innenstadtbereich zu hoch. Sicherlich sind diese Tanklöschfahrzeuge nur in verkehrsmäßig gut erschlossenen Städten eine feuerwehrtaktische Alternative.

Hilfeleistungs-Löschfahrzeug HLF

Die überwiegende Zahl aller Feuerwehreinsätze sind bekanntlich nicht Brände, sondern technische Hilfeleistungen verschiedenster Art. Hierfür bestimmt sind genormte Rüstwagen in drei Größen. Einige Berufsfeuerwehren sahen es jedoch als zweckmäßig an, verschiedene Geräte und fest eingebaute Aggregate für technische Hilfeleistungen schon im Löschgruppenfahrzeug LF 16 unterzubringen. So konnte man mit diesem Fahrzeug noch vielseitiger arbeiten und überdies fehlende Mannschaftsstärken etwas ausgleichen. Die ersten drei Hilfeleistungs-Löschfahrzeuge (HLF 16 oder HiLF) stellte 1969 die BF Frankfurt in Dienst. Mitgeführt werden hier hydraulische Hebegeräte, Motorsägen und viele andere Mittel für technische Hilfeleistungen. Ferner sind Stromerzeuger, Hydroseilwinde und Lichtmast fest eingebaut, wie sie zu den Merkmalen des genormten Rüstwagens gehören. Dennoch kann und soll ein HLF den Rüstwagen nicht ersetzen. Das zulässige Gesamtgewicht von 11 000 kg für LF 16 kann natürlich bei diesen Zusatzausstattungen nicht eingehalten werden. Während beispielsweise die Frankfurter HLF auf dem LF 16 basieren, sind die »Löschfahrzeuge für technische Hilfeleistungen«, welche die BF Duisburg ab 1970 in Dienst nahm, so konzipiert, daß sowohl die Einrichtungen für die Brandbekämpfung als auch für technische Hilfeleistung erweitert wurden. So sind 500 Liter-Schaummitteltank und Zumischer fest eingebaut, und zur Wasserförderung können neben der fest eingebauten Feuerlösch-Kreiselpumpe FP 32/8 noch elektrisch angetriebene Tauchpumpen eingesetzt werden. Der Schaum-Wasserwerfer auf dem Dach kann bis zu 2400 Liter/min Wasser abgeben. Fest eingebaut sind außerdem ein 20 kVA-Stromerzeuger, ein 9 Meter-Teleskoplichtmast mit 4x1500 Watt Flutlichtstrahlern und eine 10 t-Seilwinde mit hydraulischem Antrieb. Das Dienstgewicht dieses Mercedes-Benz LP 1623 beträgt 15,6 t, das Leistungsgewicht 15,5 PS/t.

Zumischerlöschfahrzeug ZLF

Das Zumischerlöschfahrzeug (ZLF), auch Schaumtankfahrzeug (SchTF) genannt, befindet sich vor allem bei Raffinerien, Mineralöltanklagern und Chemiebetrieben. Das ZLF führt große Mengen Schaummittel mit, das über die fest eingebaute Zumischanlage mit Löschwasser aus stationären Leitungen, Löschfahrzeugen oder auch Feuerlöschbooten zu Luftschaum verarbeitet wird, welcher sich zur Bekämpfung von Flüssigkeits- und Gasbränden besonders eignet. Die Schaummitteltanks fassen etwa 3000 bis 6000 Liter. Schaum-Wasserwerfer und Feuerlösch-Kreiselpumpe können zusätzlich eingebaut sein.

Sonderlöschmittelfahrzeug SLF

Auch das Sonderlöschmittelfahrzeug dient dem Schutz besonderer Industrieanlagen. Es enthält die Löschmittel Schaum und Pulver, die entweder jedes für sich oder zusammen (kombinierter Einsatz) eingesetzt werden können. Das SLF vereint also die Löschanlagen des Trockenlöschfahrzeugs (TroLF) und des Zumischerlöschfahrzeugs (ZLF). Es können auch noch weitere Löschmittelanlagen wie z. B. für Leichtschaum, Kohlendioxid (CO_2) oder Halone vorhanden sein. Wegen des sehr speziellen Bedarfs kommen für diese Fahrzeuge fast nur Einzelanfertigungen in Frage.

Amphibienlöschfahrzeug ALF

Im März 1968 stellte das Innenministerium des Landes Rheinland-Pfalz ein völlig neuartiges Löschfahrzeug vor: Das Amphibienlöschfahrzeug ALF 1 für die Brandbekämpfung auf Rhein und Mosel. Man war bei der Konzeption des ALF davon ausgegangen, daß Feuerlöschboote wegen ihrer relativ geringen Geschwindigkeit eine sehr lange Anmarschzeit benötigen, wobei auf der Mosel überdies erhebliche Aufenthalte durch Schleusen eintreten können. Ein amphibisches Löschfahrzeug hingegen kann zunächst auf der Straße verhältnismäßig rasch zum Einsatzort fahren, um erst dort ins Wasser zu gleiten und mit eigenem Antrieb das brennende oder havarierte Schiff zu erreichen. Die Eisenwerke Kaiserslautern GmbH., die bereits Erfahrungen im Bau von militärischen Amphibienfahrzeugen besitzen, erhielten den Auftrag zur Herstellung des ersten Amphibienlöschfahrzeugs in Europa. Sein Schwimmkörper besteht aus Leichtmetall. Der Antrieb erfolgt durch einen 285 PS Deutz Dieselmotor, der dem ALF auf guten Straßen eine Geschwindigkeit bis zu 90 km/h ermöglicht. Da sich der Reifendruck der Niederdruckreifen während der Fahrt verändern läßt, kann das Fahrzeug auch auf Morast und Sturzäckern ziemlich schnell fahren. Es überschreitet Gräben von 1,50 Meter Breite, nimmt Steigungen bis zu 85 % und erlaubt Schrägfahrt bis zu etwa 50 %. Im Wasser erreicht das ALF eine Geschwindigkeit bis etwa 13 km/h, wobei Vortrieb und Steuerung durch einen Schottel-Ruderpropeller erfolgen. Das 16 t schwere Fahrzeug ist mit folgenden Löscheinrichtungen ausgestattet: Feuerlösch-Kreiselpumpe FP 40/7 (durch Fahrmotor angetrieben), eine weitere FP 40/7 mit Gasturbinenantrieb, 1500 Liter-Schaummitteltank, 750 kg Pulverlöschanlage (wurde später wieder ausgebaut), Schnellangriffseinrichtungen für Wasser und Pulver, ein Schaum-Wasserwerfer. Das ALF 1 ist bei der BF Mainz stationiert.

Vorgesehen war ein zweites Amphibienlöschfahrzeug ALF 2, das aber nicht mehr aufgelegt wurde, nachdem sich herausgestellt hatte, daß sich das ALF 1 zu Wasser nur recht unbefriedigend manövrieren läßt. Gewichtsverlagerungen führen nämlich sofort zu leichter Schlagseite, Wasser- und Schaumabgabe zur Vertrimmung des Fahrzeugs. Außerdem erleidet es häufig Ausfallzeiten infolge seiner Reparaturanfälligkeit.

Flugplatz-Löschfahrzeug FLF

Flugplatz-Löschfahrzeuge sind speziell für die Bekämpfung von Flugzeugbränden ausgerüstet. Sie unterscheiden sich von den genormten Löschfahrzeugen durch den weitaus größeren Vorrat an Löschmitteln (Wasser, Schaum, Pulver).

Seit den fünfziger Jahren bestand die typische Ausstattung einer zivilen Flughafen-Feuerwehr aus mehreren Voraus- und Nachläufer-Fahrzeugen. Flugplatz-Löschfahrzeuge vom Typ FLF 24/4000 (4000 Liter Wasser und Schaummittel) mit einem Gesamtgewicht von 11 t sowie vom Typ FLF 24/6500 mit einem Gesamtgewicht von 16 t dienten als wendige Vorausfahrzeuge für den schnellen Angriff. Nachläufer-Fahrzeuge, als Sattelschlepper gebaut, führten weitere Löschmittelvorräte in der Größenordnung von 8000 bis 10000 Liter nach.

Nachdem die Großraumflugzeuge in der Zivilluftfahrt aufkamen, mußte die Schlagkraft der Flughafen-Feuerwehren dem nun viel höheren Risiko angepaßt werden. Bedacht sei, daß eine vollaufgetankte Boeing 747 bis zu 190000 Liter Düsentreibstoff JP 1 enthält und daß eine Sitzkapazität für 300 bis 400 Passagiere vorhanden ist. Die »Giganten der Luft« erfordern also auch Löschfahrzeug-Giganten, um ihrer Aufgabe gerecht werden zu können, Menschenleben bei Flugunfällen zu retten. Die International Civil Aviation Organization (ICAO), eine Organisation der Zivilluftfahrt innerhalb der Vereinten Nationen, gibt Empfehlungen heraus, welche Mindestmengen an Löschmitteln bereitzustellen seien. Die deutschen Verkehrsflughäfen verfahren nach diesen Richtlinien. Die erforderlichen Löschmittelvorräte staffeln sich nach der Zahl der Flugzeugbewegungen und der Größe der anfliegenden Flugzeuge. So sind beispielsweise von einem Flughafen der Kategorie VIII (Linienverkehr mit Boeing 747) mindestens 37000 Liter Wasser zur Schaumherstellung bereitzuhalten, ferner zur Ergänzung 450 kg Löschpulver oder 900 kg Kohlensäure. Löschpulver ermöglicht ein schlagartiges Ablöschen (»Ausblasen«) von Flammen, während Schaum etwaige Rückzündungen erstickt und einen Kühleffekt bewirkt. Die Zeit von der Brandmeldung bis zum ersten Löschangriff, die Eingreifzeit, muß möglichst kurz gehalten werden. Man rechnet mit 3 bis 4 Minuten. Deshalb wird von den Flugplatz-Löschfahrzeugen hohe Beschleunigung und Geschwindigkeit verlangt. Da überdies sehr große Löschmittelvorräte transportiert werden müssen, ergab sich die Notwendigkeit, völlig neuartige Flugplatz-Löschfahrzeuge zu entwickeln.

Als 1970 der erste Jumbo-Jet, eine Boeing 747, auf dem Frankfurter Rhein-Main-Flughafen landete, war die dortige Feuerwehr für das neue Luftfahrtzeitalter bereits gerüstet. Die Firma Carl Metz hatte 1969 ihr erstes Großtanklöschfahrzeug auf dem Vierachs-Allrad-Fahrgestell Faun LF 1410/52 V 8x8 geliefert. Der Aufbau gliedert sich in ein Frontlenker-Fahrerhaus mit 4 Sitzplätzen, den Pumpenraum, den Löschmittelbehälter und den Motorraum im Heck. Das Fahrzeug ist 12 Meter lang und 3 Meter breit. Sein wassergekühlter Zehnzylinder-V-Motor von Daimler-Benz leistet 1000 PS. Er treibt über einen Drehmomentwandler, ein Verteilergetriebe und ein Lastschaltgetriebe mit 4 Vorwärts- und 2 Rückwärtsgängen alle Räder an. Gangwechsel erfolgt ohne Zugkraftunterbrechung durch hydraulisch betätigte Lamellenkupplungen. Die Beschleunigung von 0 auf 80 km/h erfolgt in 40 Sekunden, die Höchstgeschwindigkeit beträgt 105 km/h. Ein separater 215 PS Dieselmotor treibt die dreistufige Feuerlösch-Kreiselpumpe (5500 Liter/min Förderleistung) an. Der selbsttragende, unverkleidete Stahlblechtank faßt 18000 Liter Löschwasser, ein weiterer Tank enthält 2000 Liter Schaummittel. Schaum oder Wasser wird entweder über den Drillingswerfer auf dem verstärkten Kabinendach oder vom Zwillingswerfer unterhalb der Windschutzscheibe abgegeben. Die Wurfweite bei Wasser beträgt etwa 65 Meter. Die Bedienung aller Löscheinrichtungen und die hydraulische Steuerung der beiden Schaum-Wasserwerfer erfolgt von einem Pult im Fahrerraum. Der Preis dieses Fahrzeugs betrug etwa eine Dreiviertelmillion DM.

Nach der gleichen Fahrgestell- und Motorenkonzeption wurde auch das größte Trockenlöschfahrzeug der Welt, ein TroLF 12000, gebaut, das ebenfalls auf dem Frankfurter Flughafen stationiert ist. Die beiden Löschpulverbehälter fassen 6500 und 5500 kg (ungleiche Größe zwecks besserer Achslastverteilung) und stehen unter einem ständigen Innendruck von 32 bar. Als Treibmittel wird getrocknete Preßluft verwendet. Die beiden Pulverwerfer auf dem Kabinendach erzielen eine Wurfweite von etwa 70 Meter bei einer Ausstoßrate von 50 kg/sec. Außerdem kann das Löschpulver auch kleinweise über 40 Meter Hochdruckschlauch abgegeben werden, der an beiden Fahrzeugseiten auf Haspeln aufgerollt ist.

Großtanklöschfahrzeuge der sogenannten Einmotoren-Version, bei welchen die gesamte Antriebsleistung von einem Motor aufgebracht wird, während der Pumpenantrieb hiervon unabhängig arbeitet, werden vor allem von den Flughäfen Frankfurt, Berlin-Tegel und Stuttgart befürwortet.

Magirus lieferte sein erstes Großtanklöschfahrzeug auf dem Vierachs-Allrad-Fahrgestell Faun LF 1412/52 V 8x8 im Jahre 1972 an den Münchener Flughafen. Das ist nun ein Vertreter der Zweimotoren-Version. Zwei luftgekühlte 12 Zylinder-Dieselmotoren von Deutz, die beide im Heck liegen und je 500 PS Kurzzeitleistung haben, arbeiten über je einen Drehmomentwandler zunächst auf ein speziell entwickeltes Antriebs-Sammelgetriebe, von wo aus über Verteiler- und Lastschaltgetriebe die vier Achsen angetrieben werden. Jeder Motor besitzt einen eigenen Nebenantrieb für die Feuerlösch-Kreiselpumpen. Der Vorteil dieser Antriebsart besteht darin, daß bei Ausfall eines Motors noch mit halber Gesamtleistung gefahren und mit halber Pumpenleistung gearbeitet werden kann. Am Einsatzort wird ein Fahrmotor auf Pumpenantrieb geschaltet, während der andere für Standortwechsel bereit bleibt. Der Fahrersitz ist in der Mitte der Kabine angeordnet, und zwar nicht aus fahrtechnischen, sondern aus feuerwehrtaktischem Grund: Der Fahrer kann seinen Platz beibehalten, von wo aus er auch die Löscheinrichtungen zu bedienen hat, während die anderen Männer links und rechts von ihm aussteigen. Der Löschwasserbehälter besteht aus gewichtssparendem, korrosionsfestem GFK. Die Fahrleistungen und Löschmittelkapazitäten sind beim Münchener Flugplatztanklöschfahrzeug die gleichen wie beim Frankfurter Modell. Ebenso ist sowohl bei der Einmotoren- als auch bei der Zweimotoren-Version der Bauaufwand für die Kraftübertragung recht beträchtlich.

Wegen ihrer Überbreite von 3 Meter und wegen Überschreitung der zulässigen Achsdrücke (bei Gesamtgewichten von 52 bis 54 t) haben die modernen großen Flugplatzlöschfahrzeuge meistens keine Zulassung zum Befahren öffentlicher Straßen.

Drehleitern

Zum klassischen Rettungsgerät, der Drehleiter, sind mittlerweile die Gelenk- und die Teleskopmaste hinzugekommen. Diese drei Bauarten werden unter dem Begriff Hubrettungsfahrzeuge zusammengefaßt. Hubrettungsfahrzeuge werden hauptsächlich zur Rettung von Menschen aus Notlagen sowie zur Durchführung technischer Hilfeleistungen und zur Brandbekämpfung verwendet. Die Mindestanforderungen für alle Arten von Hubrettungsfahrzeugen sind genormt. Ihr zulässiges Gesamtgewicht darf 14000 kg nicht überschreiten. Die Besatzung besteht aus einem Löschtrupp (1+2 Mann). Es ist nur Straßenantrieb zulässig.

Die erste Nachkriegs-Norm für Drehleitern erschien 1957 und führte nicht weniger als sechs Typen auf, nämlich mit 18, 25, 30, 37, 44 und 55 Meter Steighöhe. Nachdem sich herausstellte, daß normalerweise mit zwei Größen auszukommen ist, hat man ab 1969 nur noch Drehleitern mit maschinellem Antrieb für 22 und 30 Meter Steighöhe genormt.

Die Technik des Drehleiterbaus machte gewaltige Fortschritte. Magirus stellte 1953 den Prototyp einer Drehleiter mit hydraulischem Antrieb der Leiterbewegung vor, Metz im Jahre 1958 die fallhakenlose Drehleiter mit vollhydraulischem Antrieb aller Leiterbewegungen. Der Verzicht auf Fallhaken zur Arretierung der ausgezogenen Leiterteile war seinerzeit eine einschneidende technische Neuerung, die zunächst auf beträchtlichen Widerstand stieß.

Die Drehleitern waren nun vielseitiger verwendbar. Sie konnten als Wasserturm und als Beleuchtungsmast eingesetzt werden. 1961 führte Metz den hydraulisch betätigten Kran an der Unterleiter für 3 t Hebekraft ein. Die freien Ausladungen der Drehleiter ließen sich wesentlich erweitern, als anstelle der mechanisch arbeitenden Stützspindeln 1965 von Magirus und 1967 von Metz die hydraulischen Schrägabstützungen mit ihrer größeren Abstützbreite eingeführt wurden. Der abnehmbare Rettungskorb an der Leiterspitze zur Aufnahme von 2 Mann nach dem Vorbild der ab 1965 aufkommenden Gelenkmasten, von Magirus in hängender Ausführung und von Metz in stehend-zwangsgesteuerter Bauart, bedeutete eine weitere Verbesserung der Einsatztechnik. Das gleiche gilt für die Möglichkeit, den Leiterpark unter 0° absenken zu können.

Drehleitern mit Steighöhen über 30 Meter sind in der Nachkriegszeit von deutschen Feuerwehren nur selten verlangt worden. Einige wenige DL 37 bauten sowohl Metz als auch Magirus. Die höchste Drehleiter besaß die BF Frankfurt mit einer DL 50 auf Magirus 200 D 19 von 1965. Auch allradangetriebene Drehleitern sind ganz selten. 1962 erhielt die BF Trier von Metz eine Allrad-DL 25 auf Fahrgestell Mercedes-Benz LAF 322/42. Für die BF München lieferte Magirus im Jahre 1965 eine DL 30 auf dem Allrad-Fahrgestell 200 D 16 A, übrigens schon mit Waagrecht-Senkrecht-Abstützungen.

Eine Weiterentwicklung der DL 30 ist die Leiterbühne LB 30, die Magirus auf Anregung der BF Frankfurt entwickelte und erstmals 1967 an diese Feuerwehr lieferte. Die Leiterbühne trägt einen an der Leiterspitze fest montierten Rettungskorb mit zwangsläufiger Parallelführung, der 3 bis 4 Personen aufnimmt. Am Rettungskorb sind Schlauchanschlüsse, Wendestrahlrohr, Flutlichtstrahler, Elektroanschluß und eine Wechselsprechanlage zur Verständigung mit dem Bodenpersonal angebaut. Im Rettungskorb befindet sich auch ein zweiter Bedienungsstand zur Betätigung aller Leiterfunktionen.

Die Firma Metz zog daraufhin 1972 mit der DL 30 S nach. Auf dem zweiachsigen Kranwagen-Fahrgestell Faun LK 906/46 V 4 x 2 wurde für die BF Mannheim eine »schwere« Drehleiter, später Telebühne genannt, aufgebaut. Sie erhielt erstmalig eine hydraulische Waagrecht-Senkrecht-Abstützung mit variabler Abstützbreite. Der große Rettungskorb kann mit 400 kg (5 bis 6 Personen) belastet werden. Zwei Jahre später folgte die Telebühne auf dem handelsüblichen Dreiachs-Fahrgestell Mercedes-Benz L 1819. Da dieses Fahrgestell an der oberen Gewichtsgrenze lag, wurde für die nächsten Telebühnen der größere Mercedes-Benz L 2624 mit auf 22 t reduziertem Gesamtgewicht verwendet. Mit der Leiterbühne von Magirus und der Telebühne von Metz hat die Weiterentwicklung der über 70 Jahre alten Drehleiter sicherlich nur einen vorläufigen Abschluß erreicht.

Gelenkmaste

Die Technik der Gelenkmasten stammt aus Amerika und England, wo diese Art von Hubrettungsfahrzeugen bei den Feuerwehren große Verbreitung gefunden hat. Dagegen haben

Gelenkmaste bei Berufs- und Freiwilligen Feuerwehren

Nr.	Standort bei Feuerwehr	Baujahr	Fahrgestell Hersteller und Typ und Typ	Gelenkmast Hersteller	Korbbodenhöhe (Meter)
1	Stuttgart	1965	Mercedes-Benz 1920/52	Simon SS 85	24,4
2	Frankfurt	1967	Magirus 200 D 16	Simon SS 85	24,4
3	Stuttgart	1970	Mercedes-Benz 1923/52	Simon SS 85	24,4
4	Frankfurt	1970	Magirus 230 D 19 FL	Nummela 25–3	25,0
5	Hannover	1972	Mercedes-Benz L 1418/42	Nummela 22–3	22,0
6	Frankfurt	1972	Magirus 230 D 19 FL	Nummela 25–3	25,0
7	Landau	1973	Magirus 230 D 19 FL	Nummela 25-3	25,0
8	Rendsburg	1974	Magirus 232 D 19 FL	Simon SS 263	26,3
9	Pforzheim	1975	Mercedes-Benz 1819/48	Simon SS 263	26,3
10	Fulda	1975	Magirus 232 D 19 FL	Simon SS 263	26,3

sich die Gelenkmasten in Deutschland gegenüber der Drehleiter sowie der Leiter- und Telebühne bisher nicht durchsetzen können. Hohe Gesamtgewichte zwischen 17 und 20 t, große Fahrzeugabmessungen und die anders geartete Kinematik der Gelenkmastteile sind einige Gründe dafür, obwohl andererseits auch Vorteile gegenüber der Drehleiter gegeben sind. In zehn Jahren, seit die BF Stuttgart 1965 den ersten »Hubsteiger« erhielt, sind bei Berufs- und Freiwilligen Feuerwehren nur 10 Gelenkbühnen beschafft worden, dazu etwa 10 weitere bei verschiedenen Werkfeuerwehren. Die Aufbauten lieferten die Firmen Simon (England), Nummela (Finnland) und Alkmaar-Wibe (Niederlande/Schweden), obwohl Gelenkbühnen für Arbeitszwecke seit langem auch von deutschen Firmen gebaut werden.

Teleskopmaste

Die Teleskopmasten sind von der Kranbaufirma Maschinenfabrik Langenfeld (MFL) speziell für die Feuerwehr entwickelt worden. Auf einem Vierachs-Kranwagen-Fahrgestell ist ein Oberwagen mit vierteiligem Teleskopausleger aufgesetzt, an dessen Spitze sich ein großer Rettungs- und Arbeitskorb befindet, der bis zu 750 kg (8 bis 10 Personen) belastet werden kann. Eine derart hohe Tragfähigkeit erreichen andere Hubrettungsfahrzeuge auf serienmäßigen Lastwagen-Fahrgestellen nicht. Die Korbbodenhöhe des Teleskopmastes entspricht genau der Steighöhe einer DL 30, die andererseits von den Gelenkmasten nicht ganz erreicht wird. Die Teleskopmasten, bekannt unter der Markenbezeichnung Telesteiger bzw. später Telelift, haben ein Dienstgewicht von 31 000 kg, wodurch ihren Einsatzmöglichkeiten gewisse Grenzen gesetzt sind. Telelifte sind bei den Berufsfeuerwehren Ludwigshafen (1972), Karlsruhe (1973) und Wiesbaden (1975) im Einsatz.

Rüst- und Gerätewagen

Rüstwagen (RW) stellen die für technische Hilfeleistungen erforderlichen Geräte und fest eingebauten, maschinell angetriebenen Einrichtungen bereit. Gerätewagen (GW) hingegen dienen nur zum Transport von Geräten für technische Hilfeleistungen, während hier fest eingebaute Einrichtungen wie Seilwinde, Stromerzeuger oder Lichtmasten nicht vorhanden sind. Die genormten Rüstwagen unterscheiden sich durch Größe, Gewicht, Zugvorrichtung (Seilwinde, Spill) und Umfang der feuerwehrtechnischen Beladung. Für Rüstwagen ist Allrad-, für Gerätewagen Straßenantrieb vorgesehen.

Genormte Rüst- und Gerätewagen

Typ	Fahrzeuglänge (mm)	Gesamtgewicht (kg)	Besatzung	Zugkraft der Zugvorrichtung (kN)	Nennleistung des Generators (kVA)	Lichtmast	Flutlichtscheinwerferanzahl (Watt)
RW 1	7500	7500	1 + 2	50	10–12	Auf Wunsch	1 (1000 W)
RW 2	8500	11 000	1 + 2	50	15–20	1	2 (2000 W)
RW 3	9000	16 000	1 + 2	150	15–20	1	3 (3000 W)
RW 3-St	9000	16 000	1 + 5	150	15–20	1	3 (3000 W)
GW	6500	5500	1 + 1	–	–	Auf Wunsch	1 (1000 W)

Seitdem es Feuerwehren gibt, werden sie nicht nur zum Löschen von Bränden gerufen, sondern auch zu Hilfeleistungen der verschiedensten Art. Deshalb entstanden schon sehr früh die Vorläufer der Rüstwagen, die damals Tender oder Pionierwagen hießen. Längst übertrifft die Zahl der technischen Hilfeleistungen bei weitem die Zahl der Löscheinsätze, so daß eigentlich der Name »Feuerwehr« die Aufgabe dieser Institution nur mehr unzureichend kennzeichnet. Jedenfalls deckt die Feuerwehr das gesamte Gebiet der Bundesrepublik lückenlos ab. Sie ist in der Stadt und auf dem Lande gewohnt, bei einem Hilfeersuchen in Minutenschnelle auszurücken. Sie eignet sich wie keine andere Organisation zu Hilfeleistungen vielfältiger Art. Ihre Aufgaben sind in den Braundschutzgesetzen der Bundesländer genau festgelegt.

Die Seilwinden moderner Rüstwagen sind meist raumsparend in Rahmenmitte angeordnet, während die Zugrichtung nach vorn oder bzw. und nach hinten erfolgt. Der Antrieb der Seilwinden (heute nur noch hydraulisch) erfolgt über einen Nebenantrieb vom Fahrzeugmotor. Die Lichtmasten, am Heck links angebaut, werden von Hand, hydraulisch oder pneumatisch auf mindestens 5,50 Meter Höhe ausgefahren und besitzen 1 bis 3 Halogen-Flutlichtstrahler. Zum Bau von Rüstwagen werden hauptsächlich folgende Fahrgestelle verwendet:

- RW 1: Mercedes-Benz LAF 911 B oder Unimog U 125
  Magirus 120 oder 130 D 7 FA
- RW 2: Mercedes-Benz LAF 1113 B oder 1017 AF
  Magirus 150 D 10 A oder 170 D 11 FA
  MAN 11.168 HA-LF
- RW 3: Mercedes-Benz LAK 1624, LAF 1924 oder 1626 AK
  Magirus 232 D 16 FA
  MAN 16.256 HA-LF

Als Gerätewagen werden handelsübliche Kastenwagen, hauptsächlich der Marken Mercedes-Benz und Opel, verwendet.

Immer häufiger hat es die Feuerwehr mit Flüssigkeiten zu tun, die das Grundwasser gefährden oder gefährden könnten. Sie müssen, wenn sie ausgelaufen sind, aufgefangen und kurzfristig gelagert oder auch bei Gefahr des unkontrollierten Auslaufens umgefüllt werden. Für diese Einsätze, die dem aktiven Umweltschutz dienen, wurden Rüstwagen-Öl (RW-Öl) entwickelt. Die Bezeichnung »Öl« steht aber nur stellvertretend für eine große Anzahl von Flüssigkeiten, die bei der Beförderung auf Straße oder Schiene nach einem Unfall freiwerden können, wie beispielsweise Mineralöle, Kraftstoffe, brennbare Flüssigkeiten der Gefahrklassen AI bis AIII, Laugen, Säuren, Alkohole, Kunststoffvor- und -zwischenprodukte. Man kann RW-Öl mit fest eingebautem Tank und Spezialpumpe sowie RW-Öl mit tragbaren Tanks (Auffangbehälter) und tragbaren Umfüllpumpen unterscheiden. Die feuerwehrtechnische Beladung umfaßt ex-geschützte und säurebeständige Saug- und Umfüllpumpen, mineralölbeständige Schläuche, Ölbindemittel, nichtfunkenreißendes Werkzeug und Schutzbekleidung. Schwierigkeiten bereitet der Explosionsschutz, zumal er bei Antrieb mittels Verbrennungsmotor praktisch überhaupt nicht gewährleistet werden kann. Die Auspuffleitung ist deshalb meistens nach vorn verlegt.

Die Gerätewagen-Atemschutz befördern zusätzliche Atemschutzgeräte (Preßluftatmer, Sauerstoffschutzgeräte, Spezialatemschutzgeräte) bei Großbränden, ausgedehnten Kellerbränden und Schiffsbränden. Die Gerätewagen-Atemschutz sind so eingerichtet, daß die Atemschutzgeräte an der Brandstelle wieder einsatzbereit gemacht und instandgesetzt werden können.

Die Feuerwehr muß heute bei der Brandbekämpfung mit zusätzlichen Gefahren durch radioaktive Stoffe rechnen. Auf folgende Aufgaben muß sie vorbereitet sein: Messung der Dosis am Einsatzort (z. B. nach Explosion in einem Labor), Abgrenzung des verstrahlten Bereiches, Ortung und Bergung von radioaktiven Stoffen und verstrahltem Material, Beseitigung von radioaktiven Verunreinigungen (Dekontamination). Die hierfür benötigten Strahlenmeßgeräte, Schutz-, Bergungs- und Absperrgeräte werden im Gerätewagen-Strahlenschutz transportiert. Der Bundesminister für Atomkernenergie beauftragte 1961 die BF Karlsruhe mit der Aufstellung des ersten Versuchszuges für den Strahlenschutz der Feuerwehr. Es entstanden ein Strahlenmeßwagen (VW-Bus) und ein Strahlenschutzgerätewagen (Kastenwagen Mercedes-Benz LF 322). Heute besitzt zumindest jede Berufsfeuerwehr eine Mindestausstattung von Strahlenmeß- und Schutzgeräten, die auf einem Sonderfahrzeug untergebracht sind.

Eine Besonderheit stellen die beiden Rüstwagen-Schiene (RW-Schiene) der BF Frankfurt dar, die 1970 bzw. 1972 beschafft wurden. Sie können als einzige Feuerwehrfahrzeuge (zumindest in Europa) sowohl auf der Straße als auch auf Regelspur-Schienen fahren. Der RW-Schiene ist für Hilfeleistungen in U-Bahn-Tunneln und auf offenen Gleisstrecken in Frankfurt vorgesehen. Unter dem Fahrgestell eines Magirus-Deutz 230 D 16 FA ist ein zweiachsiger Gleissatz angeordnet, der hydraulisch abgesenkt wird und somit die Spurführung übernimmt. Die Vorderachse wird dabei leicht angehoben, während der Antrieb weiterhin über die Hinterräder erfolgt. Der von der Firma Schörling hergestellte Gleissatz enthält eine elektromagnetische Schienenbremse. Der Geräteaufbau erstreckt sich nicht über die gesamte Fahrzeugbreite, sondern läßt an beiden Seiten 50 cm breite Arbeitsgänge frei, so daß man auch im engen Tunnelprofil an die Geräte gelangen kann. Am Heck besitzt das Fahrzeug eine Ladebordwand zum Ab- und Aufladen von schwerem Gerät sowie eine 10 t-Seilwinde und einen 28 kVA-Generator. Zwar wird die Technik des Aufgleisens von Landfahrzeugen im industriellen und im militärischen Bereich seit langem genutzt, doch für ein Feuerwehrfahrzeug ist sie neu und bisher einmalig.

Der Vorausgerätewagen (VGW) und der Vorausrüstwagen (VRW) ermöglichen schnelle technische Hilfeleistung begrenzten Umfanges bis zum Eintreffen größerer Feuerwehrfahrzeuge. Gedacht ist hierbei vor allem an Verkehrsunfälle auf Autobahnen, zumal dann, wenn Stauungen die Durchfahrt zum Einsatzort behindern. Den Anfang machte 1974 die BF Stuttgart, die einen mit Unterstützung der Björn-Steiger-Stiftung umgebauten Range-Rover einsetzte. Die anfänglich für derartige Fahrzeuge benutzten Bezeichnungen Schnellbergungswagen (SBW) und Schnellrettungswagen (SRW) wurden inzwischen durch die Ausdrücke Vorausgerätewagen (VGW) bei Straßenantrieb und Vorausrüstwagen (VRW) bei Allradantrieb ersetzt. Eine Normung dieser Fahrzeuge ist nicht beabsichtigt, doch sind sie beihilfefähig. Folgende Mindestanforderungen wurden 1975 vom Innenminister des Landes Baden-Württemberg festgelegt: Besatzung mindestens 1 + 2 Mann, höchstzulässiges Gesamtgewicht 3000 kg, Mindestbeschleunigung von 0 bis 60 km/h in 20 und bis 100 km/h in 60 Sekunden. Allradantrieb, festeingebaute Seilwinde und eingebauter Stromerzeuger sind nicht vorgeschrieben. VGW und VRW sollen und können gerätemäßig die genormten Rüstwagen nicht ersetzen, weshalb sie auch normalerweise nicht allein zu Einsätzen losgeschickt werden. Aber sie sind früher zur Stelle als die großen Fahrzeuge.

Schlauchwagen

Schlauchwagen (SW) dienen dem Nachschub und der Verlegung von Druckschläuchen über lange Strecken. Genormt sind die drei Typen SW 1000, SW 2000 (T) und SW 2000. Die Zahl gibt an, wieviele Meter Schläuche der Größe B (75 mm Innen-∅) mindestens mitgeführt werden. Ein großer Teil der Schläuche ist im heckseitigen Geräteraum aneinandergekuppelt einsatzbereit in Buchten gelagert. Sie können vom fahrenden Wagen aus verlegt werden. Im Schlauchwagen SW 1000 fährt eine Besatzung von 1 + 1 Mann, im SW 2000 (T) ein Trupp (1 + 2 Mann) und im SW 2000 eine Staffel (1 + 5 Mann) mit. Das zulässige Gesamtgewicht darf 5500 kg beim SW 1000, bei den größeren Typen 11 000 kg nicht überschreiten. Für die beiden SW 2000 ist Allradantrieb vorgeschrieben. Zur Verwendung kommen hauptsächlich:

- SW 1000: Mercedes-Benz LF 408 oder 409 Kastenwagen
Magirus Deutz 120 D 7 F oder FA oder 150 D 10 A
- SW 2000 (T) und 2000: Mercedes-Benz LAF 911 B oder LAF 1113 B
Magirus-Deutz 170 D 11 FA, MAN 11.168 HA-LF

Rüstkranwagen und Kranwagen

Die Rüstkranwagen (RKW), die nach dem zweiten Weltkrieg von den Feuerwehren beschafft wurden, ähnelten noch sehr den Vorkriegsmodellen. Zwar war der Kranausleger nun um 360° endlos drehbar, und die Hebekraft stieg von 4,5 t über 7,5 t, 10 t, 12,5 t auf schließlich 15 t. Aber noch immer erfolgte der Antrieb aller Kranbewegungen elektromotorisch. Erst nachdem die hyraulisch angetriebenen Drehleitern eingeführt waren und sich sehr gut bewährten, übertrug man den hydraulischen Antrieb auch auf die Rüstkranwagen.

Magirus brachte 1956 seinen ersten hydraulischen Kranwagen KW 15 heraus, den die BF Stuttgart erhielt. 1961 folgte der KW 16 und 1969 der KW 20. Diese Kranwagen, ausgerüstet mit Seilwinde und Spill, fanden bei den deutschen Feuerwehren große Verbreitung und wurden auch vom Ausland zahlreich gekauft.

Nachdem Daimler-Benz 1963 das Dreiachs-Fahrgestell LAK 2224 bzw. 2624 herausbrachte, baute auch die Firma Metz vollhydraulische RKW nach dem Hydraulikprinzip ihrer Drehleitern. Auch die vier Abstützungen sind hydraulisch betätigt. Am Heck befindet sich ein Hilfsausleger zum Heben von Lasten bis 5 t und ein Spill mit 15 t Zugkraft. Den ersten RKW 16 dieser Art erhielt 1965 die Ingolstädter Feuerwehr.

Rüstkranwagen sind eine Kombination von Kranwagen und Rüstwagen, führen also noch weiteres Gerät für technische Hilfeleistungen mit. Beim Kranwagen ist die zusätzliche Ausstattung geringer. Sowohl beim Kranwagen von Magirus als auch beim Rüstkranwagen von Metz können nach Herablassen der Stützrollen am Heck Lasten mit Schrittgeschwindigkeit verfahren werden.

Die Ausladungen des nur einmal teleskopierbaren Auslegers sind allerdings für manche Einsatzzwecke zu gering. So gehen viele Feuerwehren auf reine Kranwagen mit Mehrfachteleskop-Auslegern über, wie sie auch von gewerblichen Kranunternehmen verwendet werden. Da auf diesen speziellen Kranwagen-Fahrgestellen kein größerer umbauter Raum mehr möglich ist, beschränkt sich die Zusatzausstattung auf unbedingt erforderliche Geräte wie Drahtseile und Schäkel. Bei größeren technischen Einsätzen geben die Berufsfeuerwehren dem Kranwagen üblicherweise einen Rüstwagen RW 2 oder RW 3 mit. Diese Fahrzeugzusammenstellung nennt man einen Rüstzug. Heute sind bei den Feuerwehren hauptsächlich Kranwagen der Firmen Gottwald, Liebherr und Maschinenfabrik Langenfeld (MFL) im Dienst. Die maximalen Hebekräfte liegen zwischen mindestens 20 t und höchstens 45 t.

Einsatzleitwagen

Einsatzleitwagen (ELW) haben die Aufgabe, den Einsatzleiter der Feuerwehr rasch zur Einsatzstelle zu bringen und seine dortige Tätigkeit durch Einrichtungen wie Funk zu unterstützen. Entweder rückt der ELW zusammen mit dem Löschzug aus und fährt an dessen Spitze (daher ist vielfach auch die Bezeichnung »Vorfahrwagen« üblich) oder er muß als Einzelfahrzeug in ein anderes Wachrevier ausrücken. Ausführung und Beladung der ELW richten sich nach den örtlichen Gegebenheiten. Eine Minimalausrüstung mit Geräten für den Ersteinsatz kann mitgeführt werden. Zur Verwendung kommen fast alle deutschen (und andere) Personenwagenmarken. Wegen ihrer besseren Zuladeeigenschaften eignen sich vor allem Viertüren-Limousinen und Kombiwagen.

Kommandowagen

Kommandowagen werden benötigt, wenn bei Großeinsätzen (z.B. Großfeuer, Eisenbahnunfälle, Flugzeugunglücke) die technische oder Gesamteinsatzleitung der Feuerwehr zusammentritt und eine große Zahl von Einsatzkräften über längere Zeit führen muß. Der Kommandowagen ist die mobile Befehlsstelle, in der an Großschadenstellen die Lagemeldungen gesammelt und beurteilt, Entscheidungen gefällt, Einsatzbefehle herausgegeben und Beratungen mit Fachdiensten abgehalten werden. Die Ausstattung umfaßt mehrere Sprechfunkgeräte im 2 m– und 4 m-Band, Fernsprechvermittlungsstelle, Funkfernschreiber, Projektionsanlagen zur Sichtbarmachung von Lage- und Einsatzplänen, Außenlautsprecher, Tonbandgeräte und viele andere Dinge. Die zahlreichen Stromverbraucher machen eine bordunabhängige Stromversorgung erforderlich. Neben der einsatzgerechten Unterbringung der Funk- und Fernmeldeeinrichtungen ist auch ein Besprechungsraum für den Einsatzstab vorzusehen. Man braucht für so viel Raum einen 4,5 t Lastwagen oder einen großen Omnibus. In einem Fall (BF Hannover) wird auch ein absetzbarer geschlossener Aufbau verwendet (Multilift-System).

Wechselaufbaufahrzeuge

Im vielfältigen Fahrzeugpark der Feuerwehren gibt es verschiedene Sonderfahrzeuge, deren Einsatzhäufigkeit, verglichen etwa mit den Löschfahrzeugen oder Rüstwagen, sehr gering ist. Das trifft insbesondere auf Nachschub-, aber auch auf andere Fahrzeuge zu. Für deren

Einsatz eignet sich das Wechselaufbau-System, welches im Prinzip der gewerbliche Güterverkehr längst kennt, um die Kosten langer Stand- und Ladezeiten zu verringern. Für den Feuerwehrbetrieb muß das System freilich einige zusätzliche Forderungen erfüllen. So soll der Wechselvorgang auch bei schwierigem Gelände möglichst ohne einweisende Person schnell und sicher durchgeführt werden können. Das zulässige Gesamtgewicht des Wechselaufbaufahrzeugs darf 16000 kg nicht überschreiten, die Gesamthöhe darf (wie bei den Hubrettungsfahrzeugen) höchstens 3,30 Meter betragen. Allrad- oder Straßenantrieb ist freigestellt. Jedes Wechselaufbaufahrzeug (WAF) besteht aus einem Trägerfahrzeug mit darauf fest angebrachter Wechselladeeinrichtung und mehreren Wechselaufbauten (WAB). Das können sein: Pritsche, Mulde, Flüssigkeitsbehälter, Koffer oder Spezialaufbau. Als Richtwert für die Zahl von Trägerfahrzeugen und Wechselaufbauten kann aus betriebstechnischer und einsatztaktischer Sicht ein Verhältnis von 1:3 bis 2:5 angenommen werden.

Bei den Feuerwehren sind seit Anfang der siebziger Jahre drei Wechselladesysteme im Dienst, nämlich das Gleitkipper- oder Multilift-System von Feka (Kassel) sowie das Absetz- und das Abroll-System, beide von Meiller (München) oder Teha (Düsseldorf). Die drei Systeme unterscheiden sich durch die Kinematik des Absetzvorganges.

Verschiedene Feuerwehren verwenden Wechselaufbaufahrzeuge zum Nachschub von Schaummitteln (flüssig), Ölbindemitteln (fest), Sand, Rüst- und Pallhölzern, Schnellkupplungsrohren und Spezialgeräten sowie andererseits zum Abtransport von Brandschutt, ausgelaufenen Flüssigkeiten oder ölverseuchtem Erdreich. Darüber hinaus verwendet die BF Hannover das Multilift-System zum Transport einer Atemschutzgeräte-Werkstatt und einer Funk-Kommandozentrale. Die BF Berlin besitzt als Wechselaufbau eine mobile Kraftfahrzeug-Werkstatt mit Drehbank, Standbohrmaschine und anderen Geräten. Und verschiedentlich wird das Wechselaufbausystem zum Transport von feuerwehreigenen Radladern, Gabelstaplern und Druckluftkompressoren benutzt. Noch weiter ging die BF Dortmund. Sie hat sich zwei Trockenlöschfahrzeuge als WAF nach dem Multilift-System bauen lassen, um bei Reparatur und Wartung des Fahrgestells die Trockenlöschanlage dennoch einsatzbereit zu halten.

Ausführung der Aufbauten

Der Übergang zur Ganzstahlbauweise war seinerzeit ein wichtiger Fortschritt. Inzwischen sind die Aufbauten auch besser gegen Verwindungen geschützt, seitdem der Hilfs- oder Montagerahmen von den Fahrgestellfirmen vorgeschrieben wird.

Ein wesentlicher Wandel vollzog sich bei den Geräteraum-Abschlüssen. Die seitlich angeschlagene Drehtür ist recht unpraktisch, weil sie die Geräteräume nicht in voller Breite freigibt und bei ungünstigen Platzverhältnissen am Einsatzort womöglich gar nicht voll geöffnet werden kann. Zudem verdeckt sie teilweise den am Fahrzeug tätigen Feuerwehrmann, was im Straßenverkehr eine Unfallgefahr bedeutet. Die Firma Metz brachte 1968 die Falttür und 1971 einen Lamellenverschluß heraus. Ebenfalls 1968 hatten auch Magirus und Bachert eigene Glieder- oder Lamellenverschlüsse entwickelt, andere Firmen bauten Klapp- und Schwingtüren. Heute hat sich der wasser- und staubdichte Lamellenverschluß, der bis zu 3 Meter breit herstellbar ist, durchgesetzt. Ganz so neu war er übrigens gar nicht. In der Zeitschrift »Feuerschutz« findet man bereits 1930 das Foto eines Frankfurter Schlauchwagens mit Holzjalousien. Und schon 1953 hatte Bachert Löschfahrzeuge mit Rolladenverschlüssen für die BF Mannheim gebaut. Endgültig setzen sich die Lamellen- oder Gliederverschlüsse in den siebziger Jahren durch.

Farben für Feuerwehrfahrzeuge

Vom 1938 verordneten Dunkelgrün der Feuerschutzpolizei kehrten die Feuerwehren nach dem Kriege sogleich wieder zum altgewohnten roten Anstrich zurück. Zunächst benutzte man die Farbe Rubinrot (Nr. 3003 im RAL-Farbregister. RAL = Reichsausschuß für Lieferbedingungen und Gütesicherung beim DIN, Organ der deutschen Wirtschaft für den Güteschutz). Das Rubinrot freilich empfand man bald als zu dunkel und unauffällig. Ab 1955 wurde deshalb das hellere Feuerrot (RAL 3000) für die Aufbauten verwendet, während Stoßfänger, Kotflügel und Felgen schwarz (RAL 9005) blieben. Da die rote Farbe bezüglich ihrer Warnwirkung nicht optimal und der Feuerwehr nicht allein vorbehalten ist, suchte man nach anderen Möglichkeiten, um die Früherkennung und die Unverwechselbarkeit der Einsatzfahrzeuge zu gewährleisten. In den sechziger Jahren wurden , ausgehend von den Feuerwehren Wiesbaden, Dortmund und Frankfurt, viele unterschiedliche Zweifarbenlackierungen in rot und weiß verwendet. Meistens wurden die Kotflügel sowie das Oberteil des Fahrerhauses weiß lackiert, während die roten Aufbauten weiße Eckflächen erhielten, welche mit rotreflektierenden Folien diagonal beklebt waren. Es kam zu einer Vielfalt von Zweifarbenlackierungen, was schließlich den FNFW veranlaßte, eine zeitgemäße, aber wieder einheitliche Farbgebung zu normen. Dieser Zeitpunkt fiel günstig mit dem Aufkommen der fluoreszierenden Tagesleuchtlackfarben zusammen. Die Frankfurter und die Hamburger Berufsfeuerwehren hatten ab 1969 versuchsweise Lackierungen mit den neuen Leuchtfarben ausgeführt und im Einsatz mit Erfolg erprobt. Im Vergleich zum Leuchtrot (RAL 3024) wirkt das frühere Feuerrot (RAL 3000) stumpf und bräunlich. Kein Zweifel: Leuchtrote Farbanstriche bewirken im Straßenverkehr viel mehr Auffälligkeit. 1971 wurde die jetzige Farbgebung genormt. Aufbauten (Fahrer- und Mannschafts- sowie Geräteraum) sind feuerrot (RAL 3000) oder wahlweise – die Preisfrage spielt hier eine Rolle! –leuchtrot (RAL 3024). Stoßfänger und Kotflügel (sofern vom Aufbau abgesetzt und sofern nicht aus Kunststoff) sind weiß (RAL 9010). Fahrgestell und Felgen werden schwarz (RAL 9005) lackiert. Rolladen und andere Geräteraumabschlüsse aus Leichtmetall können naturfarben bleiben oder rot (RAL 3000) lackiert sein. Die Zeit der Experimente und Sonderwünsche dürfte damit bis auf weiteres beendet sein. Zudem fallen fluoreszierende Farben unter die nicht zulässigen »Beleuchtungseinrichtungen« nach § 49 a StVZO. Ausnahmegenehmigungen werden von den obersten Landesbehörden praktisch nur den Feuerwehren und Sanitätsdiensten erteilt, so daß die Verwendung als Warnlackierung ausschließlich in diesen Bereichen sichergestellt zu sein scheint.

■

Quellen-Hinweise

»Feuer und Wasser«
Zeitschrift für wissenschaftliche Feuerverhütung und Feuerbekämpfung
Jahrgang 1895 bis 1930

»Feuerpolizei«
Zeitschrift für Feuerschutz und Rettungswesen
Jahrgang 1898 bis 1943

»Feuerschutz«
Zeitschrift des Reichsvereins Deutscher Feuerwehr-Ingenieure
Jahrgang 1921 bis 1940. Ab 1941: »Feuerschutztechnik«

»Die Feuerlösch-Polizei«
Amtliche Zeitschrift für das gesamte Feuerlöschwesen

M. Reichel
»Der Automobil-Löschzug der Berufsfeuerwehr Hannover«
Verlag Julius Springer, Berlin 1903

L. Merz
»Feuerwehr-Automobile«
1926

»Brandschutz«
Zeitschrift für das gesamte Feuerwehr- und Rettungswesen
Verlag W. Kohlhammer, Stuttgart

»Anordnungen über den Bau von Feuerwehrfahrzeugen«
Heft 1 bis 10 (1940 bis 1943)

»VFDB-Zeitschrift«, Forschung und Technik im Brandschutz
Verlag W. Kohlhammer, Stuttgart

»Brandhilfe«
Neckar Verlag, Villingen-Schwenningen

»Brandwacht«
Bayer. Landesamt für Brand- und Katastrophenschutz, München

»Die Feuerwehr«
Norddeutscher Feuerschutzverlag, Neumünster

»Der Feuerwehrmann«
Landesfeuerwehrverband Nordrhein-Westfalen
Verlag Fleischhauer-Datenträger, Wattenscheid

H. Brunswig
»Feuerwehrfahrzeuge«
Brücke Verlag, Hannover 1957

W. Hornung
»Kleine Feuerwehrgeschichte«
Rotes Heft Nr. 21, Verlag W. Kohlhammer, Stuttgart

Feuerwehr-Jahrbuch 1974/75
Deutscher Feuerwehrverband, Bad Godesberg

»Baurichtlinien für Löschfahrzeuge
Fachnormenausschuß Feuerlöschwesen
Heft 1 bis 11 (1955 bis 1964)

O. Herterich
»Großtanklöschfahrzeuge für Flughäfen«
Automobiltechnische Zeitschrift, Heft 6/1973

R. Zwiesele
»Flugzeugbrände und -unfälle«
Rotes Heft Nr. 38, Verlag W. Kohlhammer, Stuttgart

ICAO »Aerodrome Manual«
Part 5: Equipment Procedure and Services. Vol. I (1969)

J. Schütz
»Feuerwehrfahrzeuge«
Rote Hefte Nr. 8a und 8b, Verlag W. Kohlhammer, Stuttgart

●

DIN 14 502	Teil 1:	Feuerwehrfahrzeuge, Einteilung
DIN 14 502	Teil 2:	Feuerwehrfahrzeuge, Allgemeine Anforderungen
DIN 14 530	Blatt 1:	Löschfahrzeuge, Übersicht
DIN 14 530	Blatt 7:	Löschgruppenfahrzeug LF 8
DIN 14 530	Blatt 8:	Löschgruppenfahrzeug LF 16-TS
DIN 14 530	Blatt 9:	Löschgruppenfahrzeug LF 16
DIN 14 530	Blatt 15:	Tragkraftspritzenfahrzeug TSF (T)
DIN 14 530	Blatt 16:	Tragkraftspritzenfahrzeug TSF
DIN 14 530	Blatt 18:	Tanklöschfahrzeug TLF 8
DIN 14 530	Blatt 20:	Tanklöschfahrzeug TLF 16
DIN 14 530	Blatt 21:	Tanklöschfahrzeug TLF 24/50
DIN 14 530	Blatt 23:	Trockenlöschfahrzeuge TroLF 500, 750 und 1500
DIN 14 530	Blatt 28:	Trocken-Tanklöschfahrzeug TroTLF 16
DIN 14 701		Drehleitern mit maschinellem Antrieb
DIN 14 702		Drehleiter mit Handantrieb
DIN 14 555	Blatt 1:	Rüst- und Gerätewagen, Übersicht
DIN 14 555	Blatt 2:	Rüstwagen RW 1
DIN 14 555	Blatt 3:	Rüstwagen RW 2
DIN 14 555	Blatt 4:	Rüstwagen RW 3
DIN 14 555	Blatt 10:	Gerätewagen GW
DIN 14 565		Schlauchwagen

Nach dem Zusammenbruch 1945 waren die Feuerwehren froh um jeden fahrbaren Untersatz, gleichgültig, woher er kam und wie er aussah. Bei der Berliner Feuerwehr beispielsweise lief damals noch eine Zeitlang dieser schwere Einheits-Pkw aus dem Bestand der früheren Wehrmacht.

Eines der originellsten Feuerwehrfahrzeuge der Nachkriegszeit dürfte dieses NSU Kettenkrad gewesen sein, das samt dem ange-

hängten CO_2-Vierflaschenwagen zur Werkfeuerwehr der NSU Motorenwerke (Neckarsulm) gehörte. Das Kettenkrad wurde dort bis 1971 verwendet und kam dann in ein Museum nach Wolfsburg.

Wie schon in den dreißiger Jahren wurden auch nach 1945 wieder ältere große Personenwagen zu Feuerwehrfahrzeugen umfunktioniert. Hier ein Opel Admiral 1938, der nach seinem Umbau bis 1972 Freiwilligen Feuerwehren gehörte.

Bild links: Ab 1948 wurden die Feuerwehren nach und nach wieder mit neuen Kraftfahrzeugen ausgestattet. Hier ein Volkswagen Export-Modell, noch mit geteiltem Heckfenster, aus der Zeit von 1949 bis 1952. Er lief bei der Berufsfeuerwehr Hannover als Aufklärungs-, später Einsatzleitwagen. Auer-Rundumkennleuchte.

Bild rechts: Ebenfalls als Aufklärungs-, später Einsatzleitwagen besaß die Berufsfeuerwehr Hannover einen Opel Olympia der ersten Nachkriegsausführung (1947–1949).

Zu den Feuerwehrfahrzeugen, die in verhältnismäßig großer Zahl den Krieg überlebt haben, gehörten die Opel-Blitz 1,5 Tonner von 1938/39, einst als Kraftzugspritze KzS 8 entwickelt und später als LF 8 (hier mit Anhänger TSA 8) verwendet. Das abgebildete Fahrzeug lief nach dem Krieg bei der Freiwilligen Feuerwehr Hannover.

Einen gleichen Opel-Blitz verwendete die Berufsfeuerwehr München in den ersten Nachkriegsjahren als Wassernot-Fahrzeug.

Von den Feuerwehrfahrzeugen der Kriegsproduktion haben wohl am häufigsten die freilich auch zahlreich vorhanden gewesenen Leichten Löschgruppenfahrzeuge (LLG) des Typs Mercedes-Benz L 1500 S, gebaut von 1940 bis 1943, die Kriegszeit überdauert. Viele liefen und bewährten sich bis in die siebziger Jahre, und vereinzelt gehören sie heute noch zum Bestand selbst großer Feuerwehren, wenn auch in anderer Funktion, wie zum Beispiel als Rüstwagen-Öl der BF Augsburg. Hier abgebildet ist ein LF 8 (mit Anhänger TSA 8) der Freiwilligen Feuerwehr Quickborn.

Dieses Bild zeigt einen gleichen Mercedes-Benz L 1500 S als LF 8 mit Vorbaupumpe.

Die Opel-Blitz Dreitonner-Lastwagen, bei Opel von 1937 bis 1944 gebaut, standen in so hohem Ansehen, daß sie auch nach dem Krieg noch jahrelang begehrt blieben. Des öfteren wurden ihre Fahrgestelle sogar nochmals mit neuen Aufbauten versehen. Metz lieferte beispielsweise im Oktober 1949 dieses LF 15 an die Freiwillige Feuerwehr Weil der Stadt (Kreis Leonberg).

Bei verschiedenen Feuerwehren, so auch in Berlin, gab es diese Löschfahrzeuge auf altem Opel-Blitz 3 t-Fahrgestell.

Ein Tanklöschfahrzeug TLF 15 der Münchener Feuerwehr auf Opel-Blitz 3 t-Fahrgestell Baujahr 1944. Die Löschwassertanks ließ man damals noch unverkleidet, und die Geräte lagerten ungeschützt im Freien.

Dieser Wassernot-Wagen auf altem Opel-Blitz 3 t-Fahrgestell war bei der Berufsfeuerwehr München Nachfolger des auf der gegenüberliegenden Seite (2. von oben) abgebildeten Fahrzeugs.

Mercedes-Benz L 4500 S als KS 25, später LF 25. Der abgebildete Wagen, gebaut um 1941, lief bei der Berliner Feuerwehr bis in die sechziger Jahre. Einige Veteranen dieses Modells befinden sich bei kleinen Feuerwehren heute noch im Einsatz.

125 PS Magirus als KS 25, später LF 25. Der Wagen hier, etwa 1939 geliefert, lief ebenfalls bei der Berliner Feuerwehr bis in die sechziger Jahre. Auch als altgedienter Veteran bot er noch einen imposanten Anblick.

Mercedes-Benz L 4500 S als Schlauchkraftwagen S 5, Aufbau Metz, geliefert im Oktober 1949 an die Feuerwehr Hof.

Die Firma Metz baute 1951 auf ein Fahrgestell Mercedes-Benz L 4500 S (Baujahr 1943) diesen Rüstwagen (vormals Gerätewagen) für die Berufsfeuerwehr Darmstadt, wo er bis 1974 eingesetzt war.

Magirus verwandelte im Jahr 1950 eine KS 25 Mercedes-Benz L 4500 S (Baujahr 1941) in diesen Rüstkranwagen RKW 7 (7 t Krananlage) für die Berufsfeuerwehr Essen. Diese verkaufte ihn 1963 an die BF Gießen, bei der das Fahrzeug ebenfalls noch über 10 Jahre Dienst tat.

Opel-Blitz 1,5 t 1951 (6 Zylinder, 2,5 Liter, 58 PS, Radstand 3250 mm, Gesamtgewicht 3400 kg) als Löschfahrzeug LF 8 mit Aufbau der Firma Bachert.

Opel-Blitz 1,5 t 1951 (6 Zylinder, 2,5 Liter, 58 PS, Radstand 3250 mm, Gesamtgewicht 3400 kg) als handbetätigte Drehleiter DL 12 (12 m Steighöhe) der Firma Metz.

Ford V 3000 S 1952 als Löschgruppenfahrzeug LF 8 mit Aufbau der Firma Meyer-Hagen.

Ford FK 3500 Diesel 1953 als Löschgruppenfahrzeug LF 8 mit Aufbau der Firma Bachert.

Unter den mittelschweren Feuerwehrfahrzeugen gewann in den ersten Nachkriegsjahren Klöckner-Humboldt-Deutz die meiste Bedeutung. Bereits im Juni 1948 wurde die erste Drehleiter DL 22 auf dem damaligen Typ S 3000 mit luftgekühltem 75 PS Dieselmotor vorgestellt. In der hier abgebildeten Ausführung wurde die DL 22 auf Magirus S 3500 (85 PS) von 1949 bis 1952 geliefert.

Ebenfalls an viele Feuerwehren ging von 1948 bis 1952 der Magirus S 3000 bzw. (ab 1949) S 3500 als Löschgruppenfahrzeug LF 15. Meistens ohne, manchmal aber auch mit Vorbaupumpe.

Magirus Schlauchwagen der Berliner Feuerwehr.

Magirus S 3500 von 1950 als Tanklöschfahrzeug TLF 15 der Freiwilligen Feuerwehr Itzehoe. War 1976 noch im Einsatz!

Der Mercedes-Benz Typ LF 3500/42 (90 PS Dieselmotor, 4200 mm Radstand, 8000 kg Gesamtgewicht), der ab 1950 gebaut wurde, erwies sich bald als wichtigster Konkurrent des Magirus S 3500. Hier eine Metz-Drehleiter DL 22 der Berliner Feuerwehr.

Das Löschfahrzeug LF 15 von Metz auf Mercedes-Benz Typ LF 3500/42 bewährte sich bei vielen Feuerwehren. In der Kabine haben 9 bis 11 Mann Platz. Die am Rahmenende eingebaute Kreiselpumpe leistete 1500 Liter/min bei 80 m Förderhöhe.

Ab 1952 wurden eine Zeitlang Feuerwehrfahrzeuge gern in Omnibusform gebaut. Einer der ersten und dann wohl häufigsten Vertreter dieses Stils war das von Metz gelieferte Tanklöscl ·hrzeug TLF 15, Modell Frankfur., auf Mercedes-Benz Typ LF 3500/42. Der abgebildete Wagen gehörte der Berliner Feuerwehr.

Dieses Tanklöschfahrzeug TLF 15 baute Metz 1950 auf Mercedes-Benz Typ L 3500 für die Berufsfeuerwehr Salzgitter.

Das Tanklöschfahrzeug TLF 15 von Metz auf Mercedes-Benz Typ LF 3500/42 besitzt wie alle TLF 15 einen 2400 Liter-Löschwassertank. Die Feuerlöschpumpe kann wahlweise am Rahmenende oder vor dem Kühler eingebaut werden. In der Kabine ist Platz für 7 Mann. Der abgebildete Wagen ging 1951 an die Berufsfeuerwehr Kassel.

Tanklöschfahrzeug TLF 16 von Metz auf Mercedes-Benz Typ LF 311/42 (Die Baureihe L 3500 wurde ab Herbst 1955 in L 311 umbenannt). Der abgebildete Wagen gehörte der Hamburger Feuerwehr und wurde 1970 ausgemustert.

Gerätewagen (später Rüstwagen) mit Metz-Aufbau auf Mercedes-Benz Typ L 311/42, geliefert 1955 an die Berufsfeuerwehr Salzgitter.

Bei diesem Tankwagen der Berufsfeuerwehr Dortmund dürfte es sich um ein einmaliges Exemplar handeln. Die Metz-Staffelkabine läßt vermuten, daß hier ein TLF 16 in eigener Regie umgebaut wurde. Der Wagen, ein Mercedes-Benz LF 311, wurde 1974 außer Dienst gestellt.

Um dem dringendsten Bedarf an Feuerwehr-Großfahrzeugen zu entsprechen, baute Klöckner-Humboldt-Deutz 1950/51 in wenigen Einzelexemplaren den Magirus Typ S 6000 mit luftgekühltem Reihen-Sechszylinder-Dieselmotor. Auf diesem mächtigen Fahrgestell erhielt die Berufsfeuerwehr Koblenz die abgebildete DL 26.

Auf der Frankfurter Automobil-Ausstellung im April 1951 zeigte man einen Magirus S 6000 als Rüstkranwagen RKW 7. Der Kran liegt in Fahrtstellung nach vorn geschwenkt auf dem Dach.

Auf der gleichen Frankfurter Automobil-Ausstellung im April 1951 wurde der Magirus-Deutz Typ S 6500 mit luftgekühltem 175 PS V8-Dieselmotor vorgestellt. Als besondere Attraktion zeigten die Ulmer auf dem neuen Fahrgestell die damals größte Feuerwehrleiter der Welt, eine DL 52 mit 52 Meter Steighöhe. Die Leiter ging anschließend, dann allerdings auf ein Saurer-Fahrgestell montiert, nach Wien.

Ab 1953 baute Magirus die ersten Drehleitern Deutschlands mit hydraulischem Leiterantrieb. Alle Leiterbewegungen wurden ölhydraulisch betätigt und durch hydraulische sowie elektrische Sicherheitseinrichtungen begrenzt. Zum gleichen Zeitpunkt wurde ein neues Leiterparkprofil eingeführt. Aufgebaut ist die DL 25 h auf dem Magirus-Deutz Typ Mercur 125.

Eine Rarität ist diese 1954 an die Berufsfeuerwehr Hannover gelieferte Metz-Drehleiter DL 37 auf Magirus-Deutz S 6500. Sie wird, wenn auch seit 1972 nur mehr als Reservefahrzeug, noch heute verwendet. Abgebildet ist der Wagen im Lieferzustand, also mit Fahrstuhl und Sirene, die beide schon vor längerer Zeit entfernt wurden.

Eine DL 30 auf Magirus-Deutz Mercur 125 PS, geliefert 1958 an die Feuerwehr Lüneburg.

Magirus-Deutz Mercur 125 (125 PS, Gesamtgewicht 9200 kg) als Tanklöschfahrzeug TLF 15 in Omnibusform, geliefert 1955 an die Freiwillige Feuerwehr Uetersen.

Mercedes-Benz Typ L 326 (Allrad-Antrieb) mit Metz-Aufbau als Gerätewagen GW 3 (Radstand 5200 mm, 15000 kg Gesamtgewicht, 7,5 t Vorbau-Seilwinde), geliefert 1957 an die Berufsfeuerwehr Hannover.

Rüstkranwagen RKW 10 von Metz auf Mercedes-Benz Typ L 6600 (145 PS), geliefert 1953 an die Hamburger Feuerwehr.

Kranwagen KW 12,5 von Metz auf Mercedes-Benz L 326/52 (200 PS, 5200 mm Radstand, 17600 kg Gesamtgewicht, 7,5 t Vorbau-Seilwinde), geliefert 1958 an die Berufsfeuerwehr Hannover.

Trockenlöschfahrzeug TroLF 2250 mit 3 x 750 kg Löschanlage (Total) auf Magirus-Deutz Mercur 125, geliefert 1958 an die Shell-Raffinerie in Hamburg. Seit 1974 bei der BF Hamburg im Dienst.

Zumischerlöschfahrzeug ZLF 25 auf Magirus-Deutz Mercur 125, geliefert 1958 an die Werkfeuerwehr der Esso-Raffinerie Köln.

Schlauch- und Gerätewagen auf Magirus-Deutz Mercur 125, geliefert 1958 an die Werkfeuerwehr der Esso-Raffinerie Köln.

Schaummittel-Tankfahrzeug TF 5000 auf Magirus-Deutz Pluto (200 PS), mit Schaumstrahlrohren L-8 ausgerüstet, geliefert 1958 an die Werkfeuerwehr der Esso-Raffinerie Köln.

Büssing-NAG Typ 5000 S (1948) mit Metz-Drehleiter DL 37 für die Berliner Feuerwehr.

Metz-Drehleiter DL 37 auf Fahrgestell der Südwerke (125 PS Krupp Zweitakt-Gegenkolbenmotor), geliefert 1950 nach Ankara (Türkei).

Metz-Drehleiter DL 38 auf Südwerke-Krupp Typ Titan (Motor Typ Mustang), gebaut 1951 für die Berufsfeuerwehr Essen. 1973 verschrottet.

Büssing 5500, Baujahr 1952, als Schaumtankfahrzeug (Protein-Schaummittel, Tankinhalt 5400 Liter) der Werkfeuerwehr Deurag-Nerag in Misburg/Han.

Auf einem Fahrgestell der Südwerke wurde dieses Löschfahrzeug etwa 1951 für die US-Armee gebaut. Heute läuft es als TLF 20 bei der Werkfeuerwehr Heraeus in Hanau. Der heckseitig offene Aufbau und die Mittenpumpen-Anordnung sind typisch amerikanisch.

Einen ähnlichen Aufbau von Metz, jedoch ein Ford-Fahrgestell, besaß dieses LF 20 der Freiwilligen Feuerwehr Klein-Auheim. Es wurde 1975 ausgemustert und hatte früher ebenfalls der amerikanischen Armee gehört.

Zwei solcher Tanklöschfahrzeuge auf GMC/Reo 2,5 t-Fahrgestell, Baujahr 1952, bekam die Freiwillige Feuerwehr Dietzenbach von der amerikanischen Armee geschenkt. Sie wurden 1973/74, als TLF 8 bezeichnet, für den Waldbrandeinsatz ausgebaut.

Bild oben links: Volkswagen Export-Modell, Ausführung 1957 bis 1960, als Aufklärungs-, später Einsatzleitwagen der Berufsfeuerwehr Hannover.

Bild oben rechts: Mercedes-Benz Typ 170 V als Inspektionswagen (Iw-1) der Berufsfeuerwehr Hannover. Vermutlich handelt es sich um einen ehemaligen Krankenwagen, der umgebaut und feuerwehrrot lackiert wurde.

Es gibt nichts, was es bei der Feuerwehr nicht gibt. Die Berufsfeuerwehr Gießen beispielsweise beschaffte sich 1961 einen Amphicar-Schwimmwagen. Ob sie damit jemals was anfangen konnte, entzieht sich der Kenntnis des Verfassers.

Mercedes-Benz Typ 170 S-V 1953 als Einsatzleitwagen der Münchener Feuerwehr.

BMW 501, Baujahr 1954, als Einsatzleitwagen der Münchener Feuerwehr.

Bild oben links: VW Kombi 1958 als Einsatzleitwagen der Münchener Feuerwehr.

Bild oben rechts: VW Kombi 1962 als Wasserrettungswagen der Berufsfeuerwehr Bochum.

VW Kombi 1951 als Tragkraftspritzenfahrzeug TSF (T) mit Löschtrupp (1 + 2 Mann) und seitlich eingeschobener Tragkraftspritze (Magirus).

Ford Transit FK 1000, Baujahr 1959, als Tragkraftspritzenfahrzeug TSF mit 1 + 5 Mann Besatzung und hinten eingeschobener Tragkraftspritze.

Opel-Blitz 1,75 t (Radstand 2750 mm) mit Metz-Drehleiter DL 18. Baujahr 1956.

Bachert Löschgruppenfahrzeug LF 8 auf Opel-Blitz 1,75 t. Baujahr 1955

Metz Löschgruppenfahrzeug LF 8-TSA auf Opel-Blitz 1,75 t (Radstand 3300 mm). Dieses Modell wurde, auch als LF 8-TS (ohne Anhänger, Tragkraftspritze im Wagen) sowie ohne oder mit Vorbaupumpe, von 1952 bis 1958 an zahlreiche Feuerwehren geliefert.

Opel-Blitz 1958 als Trockenlöschfahrzeug TroLF 1000 der Werkfeuerwehr Deurag-Nerag in Misburg.

Metz Löschfahrzeug LF 8-TS auf Borgward B 2500 (1959) der Freiwilligen Feuerwehr Dudweiler.

Metz Löschfahrzeug LF 8-TS auf Borgward B 2500 Allrad (1959) der Freiwilligen Feuerwehr Markt Regenstauf.

Borgward B 2500 Allrad (82 PS Vergasermotor, 5650 kg Gesamtgewicht, Baujahr 1959) als Tanklöschfahrzeug TLF 8 mit Aufbau der Firma Buschmann Hoja-Nienburg. Es wurden insgesamt 3 Stück gebaut. (5 Feuerwehrleute verbrannten mit einem TLF dieses Typs bei der Waldbrandkatastrophe 1975 in Niedersachsen.)

Hanomag L 28 (2,8 Liter 50 PS Dieselmotor) mit Magirus-Drehleiter DL 17, geliefert 1954 an die Freiwillige Feuerwehr Greven i. W.

Hanomag L 28 als Löschfahrzeug LF 8 mit Aufbau der Firma Bierstedt, geliefert 1960 an die Freiwillige Feuerwehr Hannover.

Hanomag L 28 3 r als Bootswagen (BW) mit Aufbau der Firma Stolle, geliefert im März 1961 an die Berufsfeuerwehr Hannover. Ende 1970 wurde der Wagen an eine Installationsfirma verkauft.

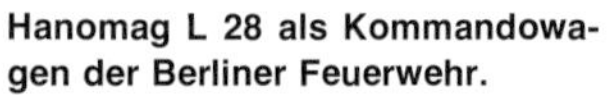

Hanomag L 28 als Kommandowagen der Berliner Feuerwehr.

Ford FK 2500 Diesel als Tanklöschfahrzeug TLF 16 (Baujahr 1959) der Berliner Feuerwehr. Aufbau Glasenapp. Ausgesondert 1969.

Ford FK 2500 als Löschfahrzeug LF 8-TS mit Aufbau der Firma Arve, geliefert 1960 an die Freiwillige Feuerwehr Winsen.

Ford FK 2500 Diesel, Baujahr 1959, als Wasserrettungswagen mit Aufbau der Firma Metz und Vorbau-Seilwinde.

Hanomag AL 28 (Allrad-Antrieb, gebaut von 1953 bis 1963) als Kommandowagen der Berufsfeuerwehr Düsseldorf.

Magirus-Deutz S 3500 mit Magirus-Drehleiter DL 25, geliefert 1953 an die Berufsfeuerwehr Darmstadt.

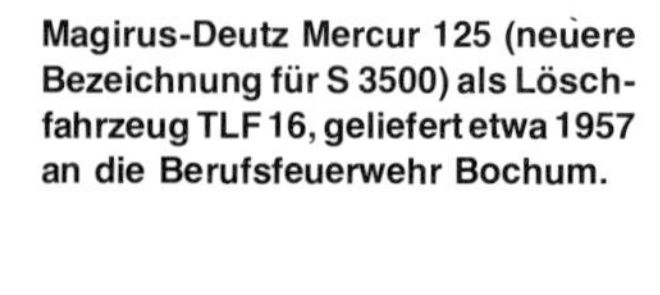
Magirus-Deutz Mercur 125 (neuere Bezeichnung für S 3500) als Löschfahrzeug TLF 16, geliefert etwa 1957 an die Berufsfeuerwehr Bochum.

Seltene Kombination: Magirus-Deutz Mercur 125 mit Bachert-Aufbau als Löschgruppenfahrzeug LF 16 der Berufsfeuerwehr Flensburg.

Magirus-Deutz S 3500 Sirius (Radstand 3700 mm, Gesamtgewicht 9200 kg, 125 PS, Baujahr 1955) als Tanklöschfahrzeug TLF 15 der Lüneburger Feuerwehr.

Magirus-Deutz Mercur 150 als Tanklöschfahrzeug TLF 16 (Aufbau Glasenapp) der Berliner Feuerwehr.

Ein gleiches Fahrzeug der Berliner Feuerwehr auf Fahrgestell mit Allrad-Antrieb.

Bild unten links: Magirus-Deutz Mercur 125 A (Allrad-Antrieb) als Tanklöschfahrzeug TLF 15, geliefert 1955 an die Freiwillige Feuerwehr Nürtingen.

Bild unten rechts: Verhältnismäßig selten sind Magirus-Fahrgestelle mit Metz-Aufbau, wie dieses TLF 15 in Omnibusform auf Magirus A 3500 Baujahr 1952. Es war das erste neue Großfahrzeug der Berufsfeuerwehr Hannover nach dem Kriege. 1968 wurde es an eine Freiwillige Feuerwehr verkauft.

Magirus-Deutz A 3500 (Allrad-Antrieb) als Flugplatz-Löschfahrzeug FLF 25, Baujahr 1953.

Magirus-Deutz Mercur 125 A, Baujahr 1958/59, als Atemschutzwagen (ATW) der Berufsfeuerwehr Essen. Aufbau-Hersteller unbekannt. Ein Einzelstück mit etwas ungewohntem Aussehen.

Ein ähnliches Unikum ist der Atemschutz- und Wasserrettungswagen (AWR) der Berufsfeuerwehr Dortmund. Es handelt sich um einen Magirus-Deutz Mercur 125 A, Baujahr 1962, mit Aufbau der Firma Meyer-Hagen.

Zwei äußerlich nahezu gleiche Großeinsatzwagen (GEW) erhielt die Berufsfeuerwehr Hannover in den Jahren 1956 bis 1958. Einer diente als »Funkbus«, d. h. als Kommandobus. Das abgebildete Fahrzeug war als Groß-Krankenwagen eingesetzt (16 liegende und sitzende Personen) und es wurde außerdem zum Transport der Taucher-Druckkammer bei Wassernotfällen verwendet. Der Funkbus wurde 1970, der Wagen hier 1975 ausgesondert. Es handelte sich übrigens um Mercedes-Benz Typ OP 311 mit Aufbau der Firma Stolle.

Metz-Drehleiter DL 25 auf Mercedes-Benz Typ L 311/42 (115 PS, Radstand 4200 mm, Gesamtgewicht 9500 kg, Baujahr 1962) der Freiwilligen Feuerwehr Uetersen.

Eine der ersten Frontlenker-Leitern war 1959 diese DL 30 von Metz auf Mercedes-Benz Typ LP 337/42.

Metz Löschfahrzeug LF 16 auf Mercedes-Benz Typ LPF 311/36, mit Glasenapp-Aufbau, Baujahr 1960, der Berliner Feuerwehr. Dieses vielfach gelieferte Modell war eines der ersten Frontlenker-LF. Daimler bezeichnete die Frontlenker-Aufbauten merkwürdigerweise als Pullman-Bauform.

Metz Löschfahrzeug LF 16 auf Mercedes-Benz Typ LPF 311/36.

Bachert Tanklöschfahrzeug TLF 16 auf Mercedes-Benz LPF 311/36. Das Fahrzeug war für Mannheim bestimmt und besaß erstmals Rollladen seit dem Krieg.

Mercedes-Benz Typ LPF 311/36 als Schaumtankfahrzeug mit Bachert-Aufbau und 3000 Liter-Schaummitteltank der Hamburger Feuerwehr.

Die Kasseler Feuerwehr fährt selbstverständlich Henschel. Vorerst noch. Im Bild: Eine Metz-Drehleiter DL 26 (von 1934!) wurde 1956 auf einen Henschel HS 100 montiert. Ist heute noch im Dienst.

Metz-Drehleiter DL 30 h auf Henschel HS 100 (Baujahr 1960) der Berufsfeuerwehr Kassel.

Metz Tanklöschfahrzeug TLF 16 auf Henschel HS 100, Baujahr 1960, der Berufsfeuerwehr Kassel.

Was den Kasselanern ihr Henschel, ist den Essenern ihr Krupp. Aber auch nur noch, solange der Vorrat reicht. Hier ein Löschgruppenfahrzeug LF 16 der Berufsfeuerwehr Essen. Es handelt sich um einen Krupp Widder mit 115 PS Dreizylinder-Zweitakt-Dieselmotor. Der Aufbau stammt von der Firma Meyer-Hagen. Geliefert wurde das Fahrzeug im Jahre 1958, die Außerdienststellung erfolgte 1975.

Etwas jüngeres Modell: Von 1963 stammt dieses Löschgruppenfahrzeug LF 16 der Berufsfeuerwehr Essen, wiederum ein Krupp, dieses Mal jedoch mit Bachert-Aufbau.

Gerätewagen GW 3 der Berufsfeuerwehr Essen mit Metz-Aufbau auf Krupp mit 186 PS Vierzylinder-Zweitakt-Dieselmotor, gebaut 1964.

Auch MAN Feuerwehrfahrzeuge sind verhältnismäßig selten. Man findet sie hauptsächlich in Berlin, Nürnberg und Augsburg. Oben abgebildet ist eine DL 27 der Berufsfeuerwehr Augsburg. Es handelt sich um einen 115 PS MAN 415 des Baujahrs 1959, versehen mit einer Metz-Drehleiter DL 26 von 1937. Die BF Augsburg bezeichnet die Leiter als DL 27, weil 26 Meter Steighöhe plus 1 Meter Handauszug.

150 PS MAN 450 als Löschgruppenfahrzeug TLF 16 der Berliner Feuerwehr. Aufbau Glasenapp. Baujahr etwa 1960.

115 PS MAN 415 als Fahrschulwagen der Berliner Feuerwehr. Baujahr etwa 1960.

Kranwagen KW 12 Krupp/Kirsten 1960 der Berufsfeuerwehr Essen

Rüstkranwagen RKW 10 MAN 758 mit Metz-Aufbau, Baujahr 1955, der Berufsfeuerwehr Nürnberg.

Metz-Drehleiter DL 30 auf Krupp (Baujahr 1956) der Berufsfeuerwehr Essen.

Kranwagen KW 20 Krupp/Ardelt 1955 (Muldenkipper-Fahrgestell) der Berufsfeuerwehr Essen.

Kranwagen KW 12 der Berufsfeuerwehr Hannover. 12 t-Krananlage von Metz auf 200 PS Mercedes-Benz 326/52 SA, Baujahr 1958.

Rüstwagen RW 3 (früher SGW = Schwerer Gerätewagen) der Berufsfeuerwehr Hannover. Metz-Aufbau auf Mercedes-Benz Fahrgestell 1957. RW 3 und obiger KW 12 bildeten bis 1970 den Rüstzug der BF Hannover.

Mächtiges Einzelstück: Mercedes-Benz/Metz Rüstkranwagen der Berufsfeuerwehr Ludwigshafen. War, als er 1973 fotografiert wurde, schon außer Dienst.

VW 1500 Variant 1962/63 als Aktenwagen der Berliner Feuerwehr. Das gleiche Modell wurde dort auch als Einsatzleitwagen gefahren.

Von 1963 bis 1972 verwendete die Berufsfeuerwehr Hannover diesen Opel Rekord Caravan (mit Pintsch-Bamag Linsenblaulicht) als Einsatzleitwagen.

Mercedes-Benz 190 c (1961–1965) als Einsatzleitwagen.

Mercedes-Benz 230 S (1965–1968) der Berufsfeuerwehr Salzgitter, zunächst als Dienstwagen des Amtsleiters, später als Einsatzleitwagen verwendet.

Opel-Blitz 1,9 t (70 PS Benzinmotor, 4350 kg Gesamtgewicht, gebaut von 1961 bis 1966) als LF 8-TS mit Aufbau von Magirus an viele Feuerwehren geliefert.

Opel-Blitz 1,9 t mit handbetätigter Magirus-Drehleiter DL 18, geliefert 1963 an die Freiwillige Feuerwehr Landau/Isar.

Ein gleicher Opel-Blitz, jedoch mit Metz-Drehleiter Baujahr 1961.

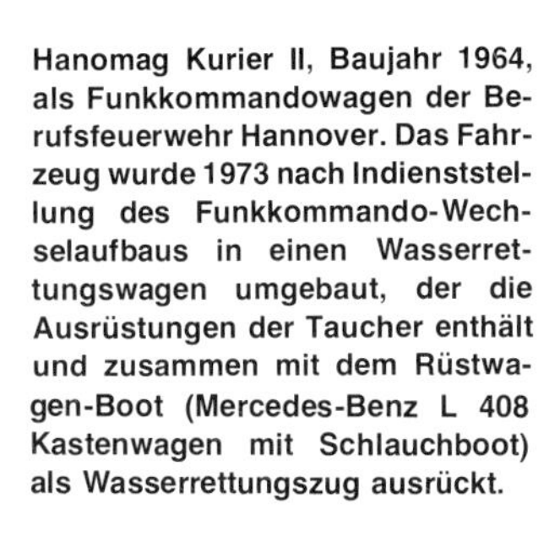

Hanomag Kurier II, Baujahr 1964, als Funkkommandowagen der Berufsfeuerwehr Hannover. Das Fahrzeug wurde 1973 nach Indienststellung des Funkkommando-Wechselaufbaus in einen Wasserrettungswagen umgebaut, der die Ausrüstungen der Taucher enthält und zusammen mit dem Rüstwagen-Boot (Mercedes-Benz L 408 Kastenwagen mit Schlauchboot) als Wasserrettungszug ausrückt.

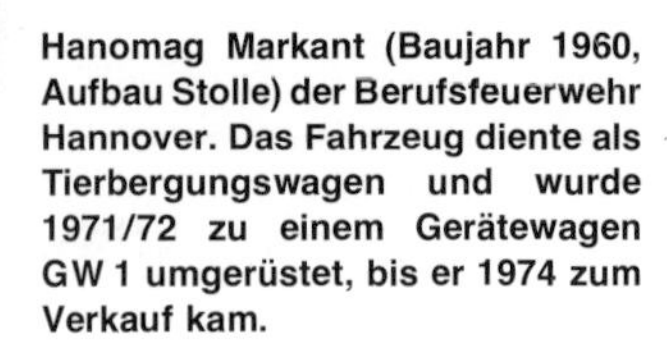

Hanomag Markant (Baujahr 1960, Aufbau Stolle) der Berufsfeuerwehr Hannover. Das Fahrzeug diente als Tierbergungswagen und wurde 1971/72 zu einem Gerätewagen GW 1 umgerüstet, bis er 1974 zum Verkauf kam.

Hanomag Markant 1963 mit Bierstedt-Aufbau als Löschgruppenfahrzeug LF 8 der Freiwilligen Feuerwehr Hannover-Stöcken.

Faun Frontlenker (1963–1965) mit luftgekühltem 64 PS Deutz-Dieselmotor und Magirus-Aufbau (5280 kg Gesamtgewicht) als LF 8-TS, lieferbar für Heck- oder Seitenbeladung. Vorn eingebaute, verdeckt liegende Feuerlöschpumpe.

Der gleiche Faun/Magirus mit der neueren Karosserie ab 1965.

Mercedes-Benz L 319 (65 PS Benzinmotor, Baujahr 1959) als Gerätewagen-Wasser (GW-W) der Stuttgarter Feuerwehr. Auf dem Dach Schlauchboot mit Eisschlitten, Kleinboot mit Außenborder auf Anhänger.

Mercedes-Benz O 319 D als Mannschaftswagen der Berliner Feuerwehr.

Mercedes-Benz Typ L 407 (Baujahr 1965) als Löschgruppenfahrzeug LF 8 mit Vorbaupumpe (Aufbau Metz) der Freiwilligen Feuerwehr Lüneburg.

Mercedes-Benz Unimog (1,8 Liter 25 PS Dieselmotor, Baujahr etwa 1965) als Zugfahrzeug der Berliner Feuerwehr.

Ebenfalls der Berliner Feuerwehr gehört dieses Trockenlöschfahrzeug TroLF 750 mit CO_2-Anhänger. Es ist ein Mercedes-Benz Unimog S (6 Zylinder, 2,2 Liter 80 PS Vergasermotor) mit 750 kg Löschpulveranlage der Firma Total.

Mercedes-Benz Unimog S (Aufbau Matra) als Rüstwagen RW 1 der Flughafenfeuerwehr Hannover.

Wechselpritschenfahrzeug der Berufsfeuerwehr Offenbach. Auf das Trägerfahrgestell, einen Mercedes-Benz Unimog S, können außer der abgebildeten Pritsche wahlweise ein Schaum-Container, ein Schlauch-Container oder ein Öl-Container aufgesetzt werden. Dieses Wechselaufbausystem im Mini-Format entstand einschließlich der Container im Eigenbau!

Mercedes-Benz Unimog S, Baujahr 1964, als Löschgruppenfahrzeug LF 8. Metz-Aufbau mit Seitenbeladung.

Mercedes-Benz Unimog S als Trokkenlöschfahrzeug TroLF 750. Aufbau von Metz, Pulverlöschanlage von Minimax.

»Feuerlösch-Kfz 750 kg Pulver« nennt die Bundeswehr ihr kleineres TroLF. Mercedes-Benz Unimog S mit Metz-Aufbau und Minimax-Pulverlöschanlage.

Mercedes-Benz LP 710 (100 PS) als Löschgruppenfahrzeug LF 8 mit Bachert-Aufbau. Baujahr 1964 bis 1967. Der abgebildete Wagen gehört der Hamburger Feuerwehr, die diesen Typ in großer Stückzahl für die Freiwilligen Feuerwehren beschaffte (noch Führerschein Klasse 3!).

5,5 t Krupp Pritschen-Lastkraftwagen, Baujahr 1959, der Berufsfeuerwehr Essen.

Löschgruppenfahrzeug LF 16 der Berufsfeuerwehr Kassel, ein Henschel HS 11 mit Bachert-Aufbau aus dem Jahr 1963.

Trocken-Tanklöschfahrzeug Tro-TLF 16 der Berufsfeuerwehr Essen, ein Krupp mit Bachert-Aufbau aus dem Jahr 1963.

Gerätewagen GW 3 der Berufsfeuerwehr Essen, ein Krupp mit 186 PS Zweitakt-Dieselmotor und Metz-Aufbau aus dem Jahr 1964.

Metz-Drehleiter DL 30 h auf Krupp Baujahr 1964 der Berufsfeuerwehr Essen.

Metz-Drehleiter DL 30 h der Berufsfeuerwehr Essen. Das schwere Krupp-Fahrgestell, Baujahr 1966, besitzt einen englischen 186 PS Cummins V6-Dieselmotor.

Mercedes-Benz LF 322 (110 PS, gebaut von 1959 bis 1963) als Löschgruppenfahrzeug LF 16-TS der Feuerwehr Heilbronn. Aufbau Bachert. Gesamtgewicht 10 000 kg.

Mercedes-Benz LF 322 (Baujahr 1963) als Löschgruppenfahrzeug LF 16 der Frankfurter Feuerwehr, erstmals mit der für Frankfurt (und vorher schon für Dortmund) typischen Rot-Weiß-Lackierung. Aufbau Metz.

Mercedes-Benz LAF 322 (132 PS, Allrad-Antrieb, Baujahr 1963) als Wasser-Rettungswagen der Frankfurter Feuerwehr. Aufbau Metz.

Mercedes-Benz LAF 322 (Allrad-Antrieb) als Gerätewagen GW 2 der Heilbronner Feuerwehr. Aufbau Bachert. Der Wagen wird hauptsächlich für Hilfeleistungen bei Unfällen aller Art verwendet. Besatzung 1 + 2 Mann. Seilwinde 3 t Zugkraft. Gesamtgewicht 10000 kg.

Mercedes-Benz LAF 322 (Allrad-Antrieb) als Tanklöschfahrzeug TLF 16 der Heilbronner Feuerwehr. Besatzung 1 + 5 Mann. 2400 Liter Wasser + 100 Liter Schaummittel. Gesamtgewicht 10000 kg. Aufbau Bachert.

Hydraulische Metz-Drehleiter DL 30 h auf Mercedes-Benz LF 322 der Berliner Feuerwehr.

Mercedes-Benz LAF 322 (Allrad-Antrieb) als FLF 25 der Flughafenfeuerwehr Bremen. Aufbau Metz. Tank 2500 Liter, Pulverlöschmenge 250 kg.

Mercedes-Benz L 323 (100 PS, Baujahr 1962) als Schaummittelwagen SMW (heute: Rüstwagen-Schaum RW-S) der Berufsfeuerwehr Hannover. Aufbau Stolle.

Daimler-Benz LF 1113 (132 PS, Baujahr 1964) als Ölbeseitigungswagen OBW (heute: Rüstwagen-Öl RW-Oel) der Berufsfeuerwehr Hannover. Aufbau Stolle.

Mercedes-Benz LF 1113 als Löschgruppenfahrzeug LF 16 der Berliner Feuerwehr. Aufbau Glasenapp.

Hydraulisch betätigte Magirus-Drehleiter DL 30 h auf Magirus-Deutz Mercur 150, geliefert 1963 an die Feuerwehr Bayreuth.

Magirus-Deutz 150 D 10 A (Allrad-Antrieb) als Tanklöschfahrzeug TLF 16-T, Baujahr 1966. Radstand 3700 mm, Gesamtgewicht 9500 kg. Truppbesetzung 1 + 2 Mann.

Magirus-Deutz 150 D 10 als Tanklöschfahrzeug TLF 16. Staffelbesetzung 1 + 5 Mann. Wasservorrat 2400 Liter.

Die Deutsche Bundesbahn unterhält bei ihren Ausbesserungswerken eigene Feuerlöschfahrzeuge. Es handelt sich um die in größerer Anzahl beschafften Standardtypen LF 16/P und TLF 16, beide vom Typ Magirus-Deutz Mercur 150 A bzw. Magirus-Deutz 150 D 10 A. Das hier abgebildete LF 16 weist als Sonderausstattung im Heck des Aufbaus eine 250 kg-Pulverlöschanlage auf, weshalb es von der Bundesbahn die Bezeichnung LF 16/P erhielt. Im Bild ein Wagen Baujahr 1963 des Bundesbahn-Ausbesserungswerks Hannover.

Ein TLF 16 des Bundesbahn-Ausbesserungswerks Hannover, geliefert im Jahr 1967. Die hannoverschen Bundesbahn-Löschfahrzeuge unterscheiden sich von ihren Artgenossen in anderen Ausbesserungswerken dadurch, daß man an ihnen den gleichen Seitenstreifen angebracht hat, der für die Fahrzeuge der Berufsfeuerwehr Hannover typisch geworden ist.

Magirus-Deutz FM 150 D 10 A mlt Allrad-Antrieb als Schlauchwagen SW 2000 (T) der Berliner Feuerwehr. In Buchten sind über 2000 Meter Schläuche gelagert, die während dem Fahren ausgelegt werden können. Radstand 3700 m. Gesamtgewicht 10 000 kg.

Magirus-Deutz FM 150 D 10 A mit Allrad-Antrieb als Rüstwagen RW-Öl der Frankfurter Feuerwehr. Das Fahrzeug ist speziell für Ölwehreinsatz eingerichtet. Baujahr 1965.

Magirus-Deutz Mercur 150 A mit Allrad-Antrieb als Trockenlöschfahrzeug TroLF 1500, geliefert 1964 an die Flughafenfeuerwehr Düsseldorf.

Magirus-Deutz FM 150 D 10 A mit Allrad-Antrieb als Flugplatz-Löschfahrzeug FLF 25/B 5 in Marine-Ausführung. Baujahr 1964. Die Haspeln für die Schnellangriffseinrichtung Schaum sind auf dem Dach angeordnet.

Magirus-Deutz FM 150 D 10 als Pulverlöschfahrzeug PLF 3000. Baujahr 1963. Die 4 PLA 750 stehen frei auf der Pritsche.

Für den Export bestimmter Magirus-Deutz Jupiter 6 x 6 als Flugplatz-Löschfahrzeug FLF 24/C 4. Baujahr 1962. Abweiser für Baum-Äste!

Magirus-Deutz FM 200 D 16 A (Jupiter) mit Allrad-Antrieb als Gerätewagen GW 3, geliefert 1962 an die Berufsfeuerwehr Mainz.

Magirus-Deutz FM 200 D 16 A mit Allrad-Antrieb der Sattelzugmaschine als Flugplatz-Großtank-Löschfahrzeug FLF 24 S, geliefert 1961 an die Farbwerke Hoechst in Frankfurt. Ein Fahrzeug gleicher Ausführung erhielt 1963 auch die Berufsfeuerwehr Frankfurt, welches 1976 ausgemustert wurde. Mitgeführt werden 12000 Liter Wasser und 1200 Liter Schaummittel.

Magirus-Deutz FM Uranus A 6 x 6 als Kranwagen KW 15 mit luftgekühltem 250 PS Zwölfzylinder-Dieselmotor. Kran- und Spillbetrieb hydraulisch. Besatzung 1 + 2 Mann. Hubkraft des Krans 15 t. Gesamtgewicht des Fahrzeugs 25,4 t. Der KW 15 wurde seit 1957 an zahlreiche Feuerwehren geliefert. Abgebildet ist ein Kranwagen der Berliner Feuerwehr.

Metz-Rüstkranwagen RKW 10 auf 200 PS Mercedes-Benz LA 334/52 mit Allrad-Antrieb, geliefert 1964 an die Freiwillige Feuerwehr Neuß.

Metz Rüstkranwagen RKW 16 h auf 200 PS Mercedes-Benz LAK 2220/36 mit Allrad-Antrieb und vollhydraulischem Antrieb aller Kranbewegungen, geliefert 1965 an die Feuerwehr Ingolstadt.

»Feuerlösch-Kfz 2400 l Wasser« der Bundeswehr, auf Mercedes-Benz LG 315/46, dem Fahrgestell des Lkw 5 t gl (4 x 4). Aufbau und Ausrüstung durch die Firmen Metz oder Bachert. Wassertank 2400 Liter. Besatzung 5 Mann. Feuerlöschpumpe 1600 l/min.

»Feuerlösch-Kfz 1500 kg Pulver« der Bundeswehr auf Mercedes-Benz LG 315/46, dem gleichen Fahrgestell wie beim oben abgebildeten Wagen. Pulveranlage der Firma Total, Aufbauten von verschiedenen Firmen. Besatzung 5 Mann. 2 Kessel mit je 750 kg Trockenpulver.

»Feuerlösch-Kfz 4500/450 l Wasser/Schaummittel« der Bundeswehr auf Magirus-Deutz A 6500. Aufbau Magirus. Wassertank 4500 Liter, Schaummittelvorrat 450 Liter. Baujahr 1958.

»Feuerlösch-Kfz 3800/400 l Wasser/Schaummittel« der Bundeswehr auf Magirus Deutz Jupiter (ab 1961) bzw. 178 D 15 A (ab 1964). Aufbau Bachert. Besatzung 5 Mann. 3800 Liter Wasser und 400 Liter Protein-Schaummittel in verzinkten Stahltanks. Feuerlöschpumpe FP 16. Wenderohr auf Dach (Wurfweite 20 Meter, 800 Liter/min).

Als P 4 (Pkw Nr. 4) läuft bei der Berufsfeuerwehr Augsburg ein Volkswagen 1303 S Baujahr 1973.

Verhältnismäßig häufig liefen oder laufen bei den Feuerwehren die VW 411 und 412 Variant als Einsatzleitwagen. Hier ein VW 412 E Variant Baujahr 1972/73 aus Lüneburg.

Opel Rekord C (1966–1971) als Einsatzleitwagen der Bochumer Feuerwehr.

Als Einsatzleitwagen erfreuen sich bei den Feuerwehren die Mercedes-Benz 200, 220 und 230 besonderer Beliebtheit. Hier zum Beispiel ein Mercedes-Benz 230 als Dienstwagen des Amtleiters der Berufsfeuerwehr Salzgitter.

Die Berufsfeuerwehr München bevorzugt die jeweils neuesten BMW-Modelle als Einsatzleitwagen. Sie verfügt aber auch über einen geschenkten Volvo 144 und über den hier abgebildeten VW 181. Dieser dient als Kommandofahrzeug bei Sondereinsätzen oder als fahrbare Funkleitstelle. Beachte die beiden Teleskopmast-Antennen am Heck.

Die Werkfeuerwehr des Audi-NSU-Werks in Neckarsulm besitzt seit Sommer 1973 dieses im Eigenbau erstellte Pulverlöschfahrzeug. Der DKW Munga bewegt sich nicht mehr im Zweitakt, sondern mittels eines 112 PS starken 1,9 Liter-Motors aus dem Audi 100 GL.

Noch eine Reminiszenz an DKW. Als die Auto Union in Deutschland den Bau ihrer Transporter aufgegeben hatte, wollte sie mit dem aus ihrem spanischen Werk importierten Auto Union-DKW F 1000 dieses Geschäft weiter betreiben. Ohne Erfolg. Doch der Werkfeuerwehr Haereus in Hanau blieb so ein Museumsstück, Baujahr etwa 1967, erhalten. Es dient als Gerätewagen GW 1.

Die Dortmunder Feuerwehr legte sich 1975 einen Steyr-Puch Haflinger als Gelände-Transportwagen zu. Er ist bestimmt für den Transport von Rettungs-, Hilfeleistungs- und Löschgeräten zu solchen Einsatzstellen, die von Straßenfahrzeugen nicht erreicht werden können. Wahrscheinlich einmaliges Exemplar in Deutschland!

Für den VW Typ 2 fanden die Feuerwehren vielfältige Verwendungsmöglichkeiten. Der Pritschenwagen mit Einfach- oder Doppelkabine dient als Transporter für alle möglichen Zwecke. Der Kastenwagen wird hauptsächlich als TSF (T) mit seitlich eingeschobener Tragkraftspritze verwendet. Kombi und Bus laufen als Mannschaftstransporter. Außerdem eignet sich der VW für viele Sonderzwecke, wie beispielsweise der abgebildete Gerätewagen für Ölschäden (GW-Öl) Baujahr 1968 der Berliner Feuerwehr zeigt.

Vor allem bei den Freiwilligen Feuerwehren ist der Ford Transit FT 1300 (1,7 Liter, 65 PS) sehr zahlreich als Tragkraftspritzenfahrzeug TSF oder TSF (T) vorhanden. Das Pumpenaggregat wird durch die nach oben schwingende Heckklappe eingeschoben. Inneneinrichtung und Ausrüstung erfolgt durch zahlreiche Feuerwehrgerätefirmen. Abgebildet ist das Modell der Firma Bachert.

Ford Transit als Strahlenschutz-Meßwagen des Instituts für Strahlenschutz München.

Rheinstahl-Hanomag, Baujahr etwa 1968, als Flutlichtwagen der Frankfurter Feuerwehr. Die Flutlichtanlage stammt von der Firma Polyma.

F 233

F 233

Opel-Blitz Baujahr 1970 als Tragkraftspritzenfahrzeug TSF. Magirus-Aufbau mit im Heck eingeschobener Tragkraftspritze.

Opel-Blitz Baujahr 1971 als Löschgruppenfahrzeug LF 8. Magirus-Aufbau mit Rolläden und Vorbaupumpe.

Opel-Blitz 2,4 t als Löschgruppenfahrzeug LF 8. Metz-Aufbau mit Seitenbeladung und Vorbaupumpe.

Der Opel-Blitz 2,4 t (6 Zylinder, 2,5 Liter 80 PS Benzinmotor, Radstand 3000 mm, Gesamtgewicht 4500 kg, gebaut von 1966 bis 1975) fand vor allem bei den Freiwilligen Feuerwehren weite Verbreitung. Häufigste Version war wohl das abgebildete Löschgruppenfahrzeug LF 8 mit Seitenbeladung. Aufbau Ziegler.

Hanomag-Henschel Typ F 46–0 als Löschgruppenfahrzeug LF 8-TS (Baujahr 1969) mit 75 oder 85 PS Daimler-Benz Benzinmotor, Bachert-Aufbau und verdeckt angeordneter Vorbaupumpe. Platz bietet der Wagen für 1 + 8 Mann.

Metz Löschgruppenfahrzeug LF 8 auf Mercedes-Benz LF 408 (4 Zylinder, 2,2 Liter 85 PS Benzinmotor, Radstand 2950 mm, Gesamtgewicht 5000 kg, gebaut von 1967 bis 1975). Das Fahrzeug ist wahlweise mit Falttüren (wie Bild) oder Lamellenverschlüssen für die Geräteräume lieferbar.

Bachert Löschgruppenfahrzeug LF 8 auf Mercedes-Benz LF 408 G.

Bachert Gerätewagen GW 1 auf Mercedes-Benz LF 408 G.

Als Einsatzleitstellenfahrzeug ELF hat sich 1974 die Berufsfeuerwehr Heilbronn einen Mercedes-Benz Kastenwagen L 408/35 (Radstand 3500 mm, Gesamtgewicht 4000 kg) eingerichtet. Er besitzt nicht nur genügend Arbeitsraum, sondern auch eine sorgfältig ausgewählte feuerwehr- und fernmeldetechnische Ausstattung.

1974 ließ das Land Baden-Württemberg versuchsweise von Bachert einen neuen Tanklöschfahrzeug-Typ bauen: das TLF 1200 auf Mercedes-Benz LF 408 G. 1200 Liter-Tank, Ausrüstung wie TLF 16, offenes Heck (!), Pumpe also praktisch freiliegend. Das Fahrzeug blieb ein Einzelexemplar.

Bachert Schlauchwagen SW 1000 auf Mercedes-Benz LF 408 G.

Mercedes-Benz L 408/35 als Gerätewagen für Säureunfälle (GW-Säure) der Berliner Feuerwehr. Oben das Fahrzeug, links die Spezialausrüstung.

Mercedes-Benz L 408/35 als Atemschutz-Gerätewagen der Hamburger Feuerwehr.

Die Berufsfeuerwehr München besitzt diesen Ruthmann-Niederflur-Hubwagen mit Unimog-Zugkopf. Dieses Fahrzeug dient dazu, großflächige Paletten mittels eingebauter Seilwinde aufzunehmen und zu Spezialeinsätzen zu befördern. Außerdem wird es für die Aufnahme und den Transport gestürzter Großtiere, also als Tierunfallwagen, verwendet.

Metz Gerätewagen GW 1-Öl auf Mercedes-Benz Unimog S Baujahr 1966. Mit fast gleichem Aufbau liefert Metz den Unimog S auch als Löschgruppenfahrzeug LF 8, wobei sich anstelle der Seilwinde eine Vorbaupumpe befindet.

Unimog S Baujahr 1973 mit Clark-Aufbau als Gerätewagen der Werkfeuerwehr Deurag-Nerag in Misburg bei Hannover.

Mercedes-Benz Unimog U 125 mit Metz-Aufbau sowie Vorbau-Kompressor oder Schneepflug als Rüstwagen RW 1 der Hamburger Feuerwehr.

Mercedes-Benz LP 608/32 (4 Zylinder 85 PS Dieselmotor, Radstand 3200 mm, Gesamtgewicht 6500 kg, in Produktion seit 1965) als mittelgroßes Löschgruppenfahrzeug LF 8. Aufbau Metz, Seitenbeladung mit Falttüren.

Das gleiche LF 8 von Metz mit Lamellenverschlüssen.

Mercedes-Benz LP 608/32 als mittelgroßes Löschgruppenfahrzeug LF 8 mit Aufbau der Firma Arve in Springe.

Mercedes-Benz LP 608/32 als mittelgroßes Löschgruppenfahrzeug LF 8. Bachert-Aufbau mit Schub-Zug-Verschlüssen.

Mercedes-Benz LP 608/36 (4 Zylinder 85 PS Dieselmotor, Radstand 3600 mm, Gesamtgewicht 6500 kg, in Produktion seit 1965) mit hydraulischer Metz Drehleiter DL 18 h. Das abgebildete Fahrzeug läuft seit 1967 bei der Feuerwehr Lüneburg.

Mercedes-Benz LP 608 (Baujahr 1968) als Atemschutzwagen der Berliner Feuerwehr.

Mercedes-Benz LP 608 (Baujahr 1966) als Abschleppkranwagen AKW der Berufsfeuerwehr Augsburg.

Für den Einsatz in Untertagedepots der Bundeswehr ist dieses Feuerlösch-Kfz LF 8 auf Mercedes-Benz LP 608 bestimmt. Anstelle der beim genormten LF 8 eingeschobenen Tragkraftspritze ist das Bundeswehrfahrzeug mit einem Leichtschaumgenerator (Leistung 200 m^3 Schaum je Minute) ausgestattet. FP 8/8-Vorbaupumpe.

Ebenfalls für den Einsatz in Untertagedepots der Bundeswehr ist das Feuerlösch-Kfz Rüstwagen RW 1 auf Mercedes-Benz LP 608 bestimmt. Aufbau und Ausrüstung beider Untertage-Feuerlösch-Kfz stammt von der Firma Bachert.

Mercedes-Benz LPKO 813 (Baujahr 1974/75) mit Aufbau der Firma Stolle als Großeinsatzwagen GEW der Berufsfeuerwehr Hannover. Nachfolger des auf Seite 133 abgebildeten Modells. Der neue GEW kann 8 liegende Personen befördern. Er wird außerdem ebenfalls zum Transport der Taucherdruckkammer verwendet, ferner zum Transport von Personen mit ansteckenden Krankheiten.

Mercedes-Benz Typ LP 813 mit Metz-Aufbau als Tanklöschfahrzeug TLF 8-S mit 2400 Liter-Tank, genannt Niedersachsen-TLF.

Mercedes-Benz Typ LP 911 B mit Bachert-Aufbau als Schlauchwagen SW 2000 (T) für die Hamburger Feuerwehr.

Mercedes-Benz Typ LP 911 B mit Bachert-Aufbau als Tanklöschfahrzeug TLF 16, geliefert 1968 an die Hamburger Feuerwehr.

Die beiden Schaummittel-Tankfahrzeuge TF 5000 auf Magirus-Pluto (200 PS, Baujahr 1958) ließ die Esso Raffinerie Köln im Jahre 1974 umbauen. Die Einsatzdauer mit einer Schaummittelfüllung und zwei Schaumwerfern konnte durch die Modernisierung von 26 auf 104 Minuten beträchtlich ausgedehnt werden.

Den 1958 beschafften Magirus-Deutz Mercur 125 als TroLF 2000 und Gerätewagen ließ die Esso-Raffinerie Köln 1974 von der Firma Total umbauen. Hausintern heißt das Fahrzeug nun TroLF 1974.

Magirus-Deutz Löschfahrzeug LF 8 (Baujahr 1974) mit luftgekühltem 120 PS Dieselmotor. Gesamtgewicht 7500 kg. Bild: Frontverkleidung geöffnet zwecks Zugang zur verdeckt eingebauten Vorbaupumpe.

Magirus-Deutz FM 110 D 7 FA 4 x 4, Baujahr 1969, als Schlauchwagen SW 1000.

←

Magirus-Deutz FM 75 D 6 F, Baujahr 1968, mit handbetätigter Magirus-Drehleiter DL 18. Sie wird bei den Feuerwehren als Arbeitsleiter im Fernmeldeleitungsbau verwendet, aber auch zur Rettung von Menschen oder Tieren aus Notlagen sowie zur Brandbekämpfung und zur Durchführung technischer Hilfeleistungen.

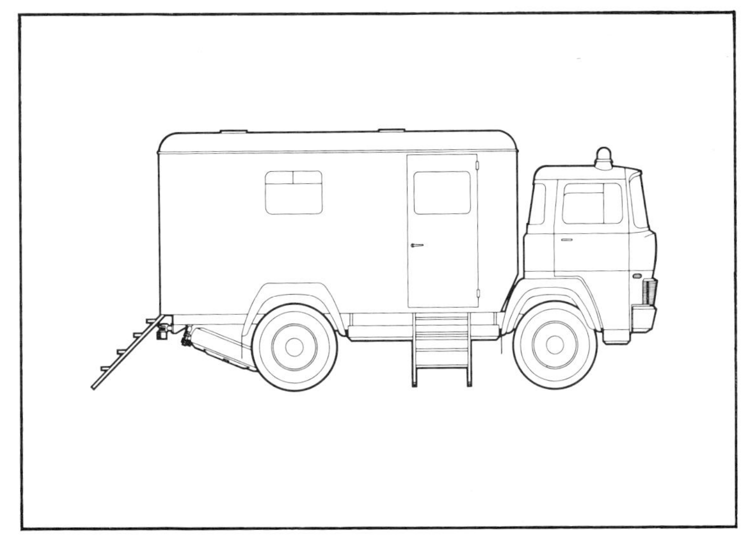

Magirus-Deutz FM 120 D 7 FA 4 x 4 als Strahlen-Atemschutzwagen der Berufsfeuerwehr Düsseldorf. Das Fahrzeug ist ausgerüstet mit Geräten für die Gasschutz-Rettung, mit Strahlenschutzanzügen, Preßluftatmern für Männer, die sich in die Gefahrenzone begeben, Beatmungsgeräten, Sauerstofflaschen, Vollsichtmasken, Meßgeräten, Werkbank, Spüle und Heißwasserbereiter.

Mercedes-Benz Typ LAF 911 B/36 (130 PS Sechszylinder-Dieselmotor, Radstand 3600 mm, Allrad-Antrieb, Gesamtgewicht 7500 kg) als Löschgruppenfahrzeug LF 8 (»LF 8 schwer«). Aufbau der Firma Metz, wahlweise mit Falttüren (wie Bild) oder Lamellenverschlüssen lieferbar. Abgebildet Ausführung 1974/75.

Mercedes-Benz Typ LAF 911 B/32 (130 PS, Radstand 3200 mm, Allrad-Antrieb, Gesamtgewicht 7500 kg) als Rüstwagen RW 1. Aufbau der Firma Metz, wahlweise mit Falttüren (wie Bild) oder Lamellenverschlüssen lieferbar. Abgebildet Ausführung 1974/75.

Mercedes-Benz Typ LAF 911 B/36 (130 PS, Radstand 3600 mm, Allrad-Antrieb, Gesamtgewicht 8990 kg) als Tanklöschfahrzeug TLF 8-S mit 3000 Liter Löschwasser. Aufbau: Arve-Fahrzeugbau, Springe.

Mercedes-Benz Typ LAF 1113 B/42 (168 PS Dieselmotor mit Aufladung, Radstand 4200 mm, Gesamtgewicht 11 000 kg) als Löschgruppenfahrzeug LF 16. Aufbau der Firma Metz, wahlweise mit Falttüren (wie Bild) oder Lamellenverschlüssen lieferbar. Abgebildet Ausführung 1973/75.

Daimler-Benz Typ LAF 1113 B/42 als Löschgruppenfahrzeug LF 16 mit Aufbau der Firma Bachert.

Mercedes-Benz Typ LAF 1113 B/42 als Tanklöschfahrzeug TLF 16 mit Wasserwerfer, Aufbau der Firma Bachert, geliefert ab 1974 an die Hamburger Feuerwehr.

Mercedes-Benz Typ LAF 1113 B/42 (Allrad-Antrieb, Gesamtgewicht 12000 kg, Baujahr 1974) als Trokken-Tanklöschfahrzeug TroTLF 16 in Sonderausführung für den Einsatz im Hamburger Elbtunnel. Aufbau Bachert. 1800 Liter Wasser, 300 Liter Schaummittel, 750 kg Pulver, 5 t-Seilwinde, 20 kVA-Stromerzeuger, Lichtmast.

Mercedes-Benz Typ LAF 1113 B/42 (Allrad-Antrieb, Gesamtgewicht 11000 kg) als Rüstwagen RW 2 mit Metz-Aufbau. Lichtmast auf etwa 8,50 Meter ausgezogen.

Mercedes-Benz Typ LAF 1113 B/42 (Allrad-Antrieb, Gesamtgewicht 11 000 kg) als Schlauchwagen SW 2000 (Staffelbesatzung) mit Bachert-Aufbau.

Mercedes-Benz LP 1113 mit Bachert-Aufbau als Atemschutzgerätewagen der Berufsfeuerwehr Duisburg.

Mercedes-Benz Typ LAF 1113 mit Metz-Aufbau als Wasserrettungswagen der Feuerwehr Stadt Rheinhausen.

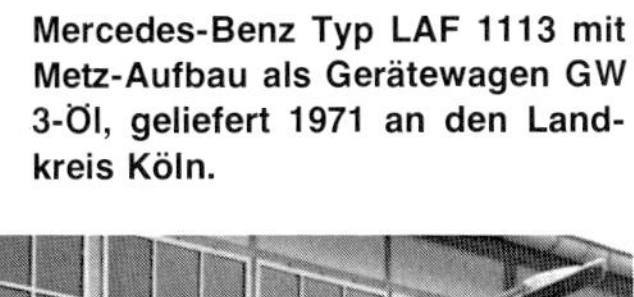

Mercedes-Benz Typ LAF 1113 mit Metz-Aufbau als Gerätewagen GW 3-Öl, geliefert 1971 an den Landkreis Köln.

Mercedes-Benz Typ LAF 1113/36 als Trockenlöschfahrzeug TroLF 2000. Aufbau Metz, Truppbesatzung, Löschanlage Minimax.

Mercedes-Benz Typ LAF 1113/42 als Trockenlöschfahrzeug TroLF 2000. Aufbau Metz, Staffelbesatzung, Löschanlage Minimax.

Mercedes-Benz Typ LAF 1113/36 als Flugplatz-Tanklöschfahrzeug F-TLF 2000 mit 750 kg-Pulverlöschanlage. Aufbau Bachert.

Mercedes-Benz Typ LAF 1113/36 Baujahr 1973 mit Bachert-Aufbau als Schaumtanklöschfahrzeug der Werkfeuerwehr Deutsche Solvay-Werke in Rheinberg.

Mercedes-Benz Typ LAF 1113/36 als Löscharm LA 200. Bisher einziges Fahrzeug dieser Art. Der dreiteilige Gelenkarm von Bachert reicht bis zu etwa 20 Meter Höhe.

Mercedes-Benz Typ LAF 1113/42 Baujahr 1973 als Trägerfahrzeug mit Wechselaufbau der Berufsfeuerwehr Hannover. Wechselaufbausystem FEKA-Multilift. Bei der BF Hannover sind insgesamt drei Trägerfahrzeuge (Baujahr 1972, 1973 und 1975) und die folgenden sechs Wechselaufbauten vorhanden: 1) WAB-FUKO (Funk-Kommando, siehe oberes Bild), 2) WAB-AS (Atemschutz-Strahlenschutz, siehe mittleres Bild), 3) WAB-Holz, 4) WAB-Sand, 5) WAB-Pritsche, 6) WAB-Wasser. Die Wechselaufbauten 1 und 2 sind Kastencontainer. Nummer 3 bis 5 sind Pritschen mit Plane für Rüstholz, Sand und Waldbrandgeräte. Der WAB-Wasser ist ein Tank.

Mercedes-Benz Typ L 1313/36 mit Ziegler-Aufbau als Großtanklöschfahrzeug GTLF 5000. Wasservorrat 5000 Liter.

Mercedes-Benz Typ L 1413 Baujahr 1969 als Trockenlöschfahrzeug TroLF 4000 (Löschanlage Total) der Werkfeuerwehr Deurag-Nerag Misburg.

Mercedes-Benz Typ LF 1313 (Baujahr 1974) mit Metz-Drehleiter DL 30 und stehend-zwangsgesteuertem Rettungs- und Arbeitskorb. Serienmäßige Ausführung. Meistens wird, wie im Bild zu sehen, mit flachliegendem Korb gefahren.

Mercedes-Benz Typ LF 1313 mit Metz-Drehleiter DL 30 h, geliefert 1970 an die Berufsfeuerwehr Salzgitter.

Magirus-Deutz FM 150 D 11 Baujahr 1965 mit Magirus-Drehleiter DL 30 h. Diese verfügt über einen am vorderen Leiterende ein- und aushängbaren Rettungskorb. Er ermöglicht die Rettung bewegungsunfähiger Personen.

Magirus-Deutz FM 150 D 11 Baujahr 1968 mit Magirus-Drehleiter DL 30 h. Trupp- statt Staffelkabine.

Magirus-Deutz FM 150 D 11 A 4 x 4 als Trokken-Tanklöschfahrzeug TroTLF 16. Ursprüngliche Werksbezeichnung: Trowa-Löschfahrzeug (Trocken-Wasser-Löschfahrzeug). Ausführung ab 1965.

Magirus-Deutz Mercur FM 125 als Zumischer-Löschfahrzeug ZLF 3000. Baujahr 1967.

Magirus-Deutz Mercur 150 PS als Gerätewagen-Öl GW-Öl der Berufsfeuerwehr Heilbronn. Das Fahrzeug wird bei Mineralöl-Unfällen eingesetzt. 4 Spezialpumpen mit Ex-Schutz. Auffangbehälter mit bis zu 18000 Liter Fassungsvermögen. Gesamtgewicht 10000 kg. Besatzung 1 + 2 Mann.

Um auch bei den vielen Sonderfahrzeugen einer gewissen Vereinheitlichung näherzukommen, unternahm die Berufsfeuerwehr München Ende der sechziger Jahre einen bemerkenswerten Versuch. Auf vier gleiche Magirus-Deutz Feuerwehr-Fahrgestelle der Größenklasse des LF 16 wurden Nato-Koffer aufgesetzt und in eigener Werkstatt als Funkkommandowagen, Atem- und Strahlenschutzwagen, Wassernotwagen und Küchenwagen (Bild links) eingerichtet. Nicht formschön, aber praktisch und preisgünstig!

Magirus-Deutz 150 D 10 A Baujahr 1972 als Rüstwagen RW 2 der Berufsfeuerwehr Augsburg. Der für den Frontlenker entwikkelte Aufbau wurde damals in einer Sonderserie für Bayern noch auf 20 Haubenfahrgestelle (vermutlich Restbestand) aufgesetzt.

Magirus-Deutz FM 150 D 9 F 4 x 4 mit Kramer-Portalachsen als Pulverlöschfahrzeug, Baujahr 1969.

Magirus-Deutz 232 D 16 FA (Baujahr 1971) als Großtanklöschfahrzeug GTLF 24/6 der Berufsfeuerwehr Bochum.

Magirus-Deutz 120 D 9 Spezial-Abschleppfahrzeug der Berliner Feuerwehr.

Magirus-Deutz Gerätewagen-Licht (GW-Licht) mit Lichtanhänger (Firma Polyma) der Berliner Feuerwehr.

Magirus-Deutz FM 120 D 7 FA 4 x 4 als Rüstwagen RW 1, Baujahr 1975.

Magirus-Deutz 170 D 19 FK Baujahr 1974 als Zumischerlöschfahrzeug ZLF 40/90 der Werkfeuerwehr Esso-Raffinerie Köln. Luftgekühlter 170 PS Sechszylinder-Dieselmotor, Radstand 3500 mm, Gesamtgewicht 19 000 kg, Wasservorrat 6200 Liter, Schaummittel 3300 Liter.

Magirus-Deutz FM 150 D 9 FA (Allrad-Antrieb mit Kramer-Portalachsen) Baujahr 1969 als Bootswagen BW 2 der Frankfurter Feuerwehr. Luftgekühlter 150 PS Dieselmotor, Gesamtgewicht 9400 kg.

Das vom Frankfurter Bootswagen BW 2 mitgeführte Außenbordmotorboot kann mittels des am Fahrzeug montierten Teha-Ladekrans schnell zu Wasser gelassen und eingesetzt werden.

Der Taucherzug der Frankfurter Berufsfeuerwehr besteht aus vier Fahrzeugen, nämlich einem Einsatzleitwagen (Auto Union-Geländewagen), den beiden Magirus-Deutz Bootswagen BW 1 und BW 2 sowie einem Mercedes-Benz als Taucherwagen (siehe Bild Seite 148 unten). Der Taucherzug steht zu Rettungseinsätzen und technischen Hilfeleistungen auf Wasserstraßen und Binnengewässern zur Verfügung.

Magirus-Deutz 100 D 7 FA bzw. 110 D 7 FA (Baujahr 1968) als Wasserrettungsfahrzeug (WRF) der Berliner Feuerwehr. Aufbau Glasenapp.

Büssing BS 14 AK (185 PS, Gesamtgewicht 14000 kg, Baujahr 1968) als Tiefbau-Rüstwagen der Berufsfeuerwehr Köln. Das Fahrzeug besitzt Ladekran und 5 t-Seilwinde. Zu seiner Beladung gehören Schnellschaltafeln, Stützmaterial und Rettungsringe zur Bergung von verschütteten Personen.

MAN 535 (160 PS-Motor, Baujahr 1966) als Kommandowagen der Berliner Feuerwehr. Aufbau Wollny.

Mercedes-Benz Typ O 302 (Baujahr 1972) als Kommandowagen der Berliner Feuerwehr.

Mercedes-Benz Typ O 302 (Baujahr 1966) als Großeinsatzwagen GEW der Berufsfeuerwehr Hannover. Das Fahrzeug ist als Konferenzbus mit länglichem Tisch und seitlichen Klappstühlen eingerichtet, wird aber auch als Reisebus für kürzere Strecken verwendet.

Magirus-Deutz M 150 L 10 als Kommandobus der Frankfurter Feuerwehr. Er dient als rollende Einsatzleitstelle bei Großeinsätzen und Katastrophen. Der Bus besitzt eigene Stromversorgung, fest eingebaute Funksprechgeräte, ausfahrbaren Teleskopmast, Funkfernschreiber, Übertragungsanlagen, Großlautsprecher sowie Fernsehmonitoren für die Übertragung von Bildern von der Einsatzstelle.

Magirus-Deutz 200 D 16 A (Baujahr 1965) als Rüstwagen RW 3-St der Münchener Feuerwehr. 200 PS-Motor, Allrad-Antrieb, Gesamtgewicht 16 000 kg.

Magirus-Deutz Rüstwagen RW 3-St als Gerätewagen »GW-Techn. Dienst« im Einsatz als Fahrzeug des Technischen Dienstes der Berliner Feuerwehr, einer Spezialeinheit für Sonderaufgaben.

Magirus-Deutz 150 D 10 A mit Bachert-Aufbau als Tanklöschfahrzeug TLF 16 mit Vorbau-Seilwinde. Das Fahrzeug gehört zu den Raritäten, weil Fremdaufbauten auf Magirus ziemlich selten vorkommen. Das TLF wurde von der Freiwilligen Feuerwehr Ründeroth bestellt.

Magirus-Deutz 200 D 19 AS Sattelzugmaschine mit Tiefladeanhänger der Frankfurter Feuerwehr. Der Tiefladetransporter dient zur Bergung verunglückter Fahrzeuge sowie zum Transport schwerer Räumgeräte bei Ölunfällen, Einstürzen oder Überschwemmungen. Bewegungsunfähige Fahrzeuge werden mittels einer hydraulischen, hinter dem Fahrerhaus eingebauten 5 t-Seilwinde aufgeladen. Gesamtgewicht des Tiefladetransporters 27 400 kg. Im Bild: Ein Raddozzer der Frankfurter Feuerwehr wird an seinen Einsatzort gebracht.

→

Magirus-Deutz 126 D 15 AK als Ölsaugwagen (Aufbau Hodermann) der Berliner Feuerwehr.

Magirus-Deutz 200 D 16 A (Allrad-Antrieb) als Zubringerlöschfahrzeug ZB 6/24. 200 PS-Motor, 5500 Liter Wasser- und 500 Liter Schaummittelvorrat, Gesamtgewicht 16 000 kg. Hessische Feuerwehren beschafften 1970 bis 1976 insgesamt 16 Fahrzeuge dieses Typs. Auch die Münchener Feuerwehr erhielt 1971 und 1974 je 2 Exemplare ähnlicher Ausführung.

Magirus-Deutz Rüstkranwagen RKW 7,5, geliefert 1962 an die Lübecker Feuerwehr.

Gelenkbühne GB 1 der Frankfurter Feuerwehr. Es war damals der zweite Gelenkmast in Deutschland, beschafft 1967. Gelenkmast Simon SS 85 auf Magirus-Deutz 200 D 19. Korbbodenhöhe 24,4 Meter, Korbbelastbarkeit 350 kg, Fahrzeug-Gesamtgewicht 16 700 kg.

Dieser Magirus-Deutz FM 200 D 16 mit der ersten hydraulisch betätigten Leiterbühne der Welt wurde 1967 von der Berufsfeuerwehr Frankfurt übernommen. Die LB 30 besitzt an der Leiterspitze einen parallelgeführten Rettungskorb (30 Meter Arbeitshöhe) mit Wendestrahlrohr und Flutlichtscheinwerfer.

Magirus-Deutz FM 200 D 16 A mit Magirus-Drehleiter DL 30, geliefert 1965 an die Berufsfeuerwehr München. Einzige Magirus Allrad-Drehleiter! Sie fährt jedoch nicht im normalen Löschzug mit, sondern sie ist nur für Sondereinsätze bestimmt, welche Geländegängigkeit erfordern, wie zum Beispiel Rettung aus einem Baum.

Magirus-Deutz FM 170 D 11 FA 4 x 4 als Tanklöschfahrzeug TLF 16, Serienausführung ab Oktober 1968. Luftgekühlter 170 PS V6-Dieselmotor. Radstand 3200 mm, Gesamtgewicht 11 000 kg. 2400 Liter-Wassertank. Besatzung 1 + 5 Mann.

Magirus-Deutz FM 170 D 11 FA 4 x 4 Trocken-Tanklöschfahrzeug TroTLF 16, Sonderausführung für die Berufsfeuerwehr Frankfurt. Baumgärtner- Staffel- Fahrerhaus mit Schiebetüren. Neben einem 1800 Liter-Wassertank verfügt das Fahrzeug über eine Trockenlöschanlage für 750 kg Pulver. Baujahr 1972.

Magirus-Deutz 170 D 11 FA 4 x 4 als Hilfeleistungs-Löschfahrzeug HLF 16, geliefert 1970 als erstes Fahrzeug seiner Art an die Berufsfeuerwehr Frankfurt. Gesamtgewicht 11 700 kg. Linke Fahrzeugseite: Löschgeräte. Rechte Fahrzeugseite: Geräte für technische Hilfeleistungen.

Magirus-Deutz 170 D 11 FA 4 x 4 als Sonder-Pulverlöschfahrzeug TroLF 2000/250/250/1600 (2000 kg Kaliumsulfatpulver, 250 kg Glutbrandpulver, 250 kg Metallbrandpulver, Feuerlöschkreiselpumpe 1600 Liter/min) (Löschanlage Minimax) der Werkfeuerwehr Degussa in Wolfgang bei Hanau.

Magirus-Deutz 170 D 11 FA 4 x 4 als Atemschutzwerkstattwagen AWW der Berufsfeuerwehr Frankfurt. Aufbau Berger. Baujahr 1972.

Magirus-Deutz 170 D 11 FA 4 x 4 mit Aufbau der Firma Lamaier (Wolbach), geliefert 1972 an die Berufsfeuerwehr der Stadt Köln. Eingesetzt wird das Fahrzeug zur Betreuung des ober- und unterirdischen feuerwehreigenen Kabelnetzes im Stadtgebiet. Zur Ausrüstung gehören eine 3 t-Kabelziehwinde und ein hydraulischer Kran.

Zur neuen Modellreihe der Frontlenker-Feuerwehrfahrzeuge, die Magirus-Deutz im Jahre 1968 präsentierte, gehört die Drehleiter DL 30 h auf Magirus-Deutz FM 170 D 12 F. Luftgekühlter 170 PS V6-Dieselmotor, Radstand 4400 mm, Gesamtgewicht 13 000 kg, wahlweise Trupp- oder Staffel-Fahrerhaus. Die erste 30 Meter Frontlenker-Drehleiter (im Bild) erhielt die Feuerwehr Lübeck.

Einzelexemplar: Metz-Drehleiter DL 30 auf Magirus-Deutz 170 D 12 F für die Freiwillige Feuerwehr Neureut. Bemerkenswert die Ausrüstung der Drehleiter mit einem zwangsgesteuerten Korb, der wahlweise stehend oder hängend eingesetzt werden kann.

Magirus-Deutz FM 170 D 11 FA als Sonderlöschmittelfahrzeug SLF (Pulver, CO_2 und Leichtschaum) der Münchener Feuerwehr. 170 PS V6-Dieselmotor, Radstand 3750 mm, Gesamtgewicht 11 000 kg.

Magirus-Deutz FM 170 D 15 FK Baujahr 1973 als Trockenlöschfahrzeug TroLF 4000. Einkessel-Löschanlage Total.

Metz-Drehleiter DL 30 h auf Mercedes-Benz Typ LP 1319/42. 190 PS Sechszylinder-Dieselmotor, Radstand 4200 mm. 14 000 kg. Das Bild zeigt die Ausführung 1970/71 mit Staffelkabine.

Gelenkmastbühne der Berufsfeuerwehr Hannover. Gelenkmast (größte Höhe 22 Meter) vom Typ Nummela Skylift NS 22–3/Ziegler auf Mercedes-Benz Typ L 1418/42. Baujahr 1972.

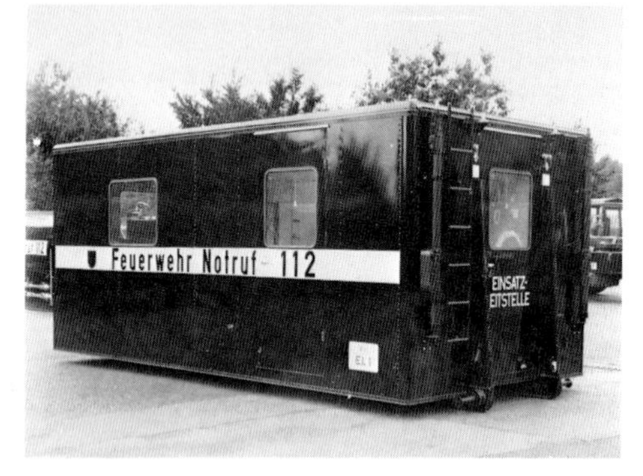

Wohl mehr als jede andere deutsche Feuerwehr hat bisher die BF Dortmund das Wechselaufbausystem realisiert. Sie besitzt derzeit 3 Träger- bzw. Wechselfahrzeuge (Mercedes-Benz Typ LF 1519 Baujahr 1972/73) und 11 Wechselaufbauten. Etwa 20 weitere Wechselaufbauten sollen bis 1980 beschafft werden. Dortmund hat sich für das Multilift-Wechselsystem entschieden. Man verspricht sich von den Wechselaufbauten erhebliche Kosteneinsparungen sowohl bei der Anschaffung als auch im Betrieb. Die Bilder zeigen von oben nach unten:

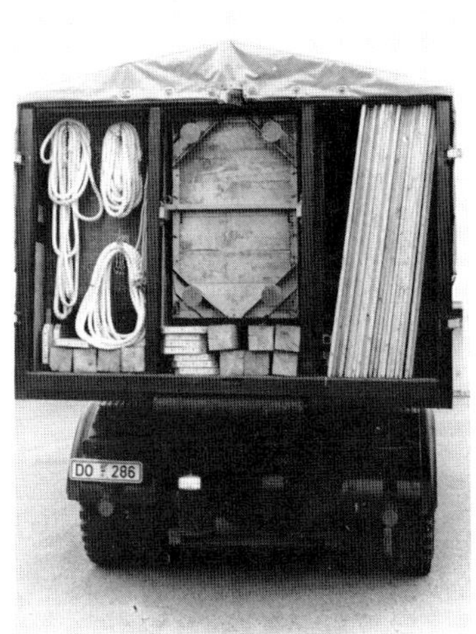

Übersicht der bisher vorhandenen Wechselaufbauten und -fahrzeuge.

Fahrzeuge mit Wechselaufbau Pulver und Wechselaufbau Schaum. Die Pulverlöschanlage (2000 + 750 kg, 6 x 30 kg CO_2-Flaschen) stammt von der Firma Total, der Aufbau von Kramer (Groß-Gerau).

Wechselaufbau Tank. Inhalt 6 m^3. Aufsetztank zur Beförderung von Löschwasser oder auch von brennbaren Flüssigkeiten (A III).

Wechselaufbau Einsatzleitstelle.

Wechselfahrzeug mit Wechselaufbau Radlader.

Wechselfahrzeug mit Wechselaufbau Ölsperre.

Wechselfahrzeug mit Wechselaufbau Kompressor.

Wechselfahrzeug mit Wechselaufbau Sand.

Wechselfahrzeug mit Wechselaufbau Rüstholz.

MAN 450 H (150 PS, Radstand 3600 mm, Gesamtgewicht 11 600 kg) mit Bachert-Aufbau als Löschgruppenfahrzeug LF 16 der Berliner Feuerwehr. Baujahr etwa 1971.

MAN 450 H (150 PS, Radstand 4800 mm, Gesamtgewicht 11 600 kg) mit Magirus-Drehleiter DL 30 der Berliner Feuerwehr. Baujahr etwa 1965.

MAN 450 H (150 PS, Allrad-Antrieb, Radstand 3600 mm, Gesamtgewicht 11 600 kg) mit Ziegler-Aufbau als Tanklöschfahrzeug TLF 16. Baujahr etwa 1965.

MAN 450 H (150 PS, Radstand 4200 mm, Gesamtgewicht 11 600 kg) mit Metz-Aufbau als Tanklöschfahrzeug TLF 16. Baujahr etwa 1965.

MAN 9.186 FL Wechselaufbaufahrzeug (186 PS) mit Container (Multilift-Wechselsystem) der Berliner Feuerwehr, Baujahr 1971.

MAN 9.186 FL Wechselaufbaufahrzeug mit Werkstattcontainer der Berliner Feuerwehr.

MAN 9.186 FL Wechselaufbaufahrzeug Schaumcontainer (6 x 900 Liter Schaummittelbehälter) der Berliner Feuerwehr.

→

Mercedes-Benz Typ LP 1319 mit Aufbau der Firma Heines-Wuppertal als Atemschutzgerätewagen mit Strahlenschutzausrüstung und hydraulischem 6000 Watt-Lichtmast.

Mercedes-Benz Typ LAF 1519/42 Baujahr 1972 als Kombinations-Löschfahrzeug Pulver/Schaum. Löschanlage der Firma Total mit 2000 Liter Wasser, 500 Liter Mehrbereichs-Schaummittel und 2000 kg Pulver. Fahrzeug der Werkfeuerwehr DOW Chemical (Stade).

Mercedes-Benz Typ L 1418 Baujahr 1973 mit Metz-Aufbau als Rüst-Löschgruppenfahrzeug R-LF 32 der Werkfeuerwehr BASF Ludwigshafen. Dieses Fahrzeug mit langer Haube ist ein ungemein wuchtig aussehendes Einzelstück. Ein gleichartiges Fahrzeug auf Mercedes-Benz L 338 mit der älteren Zweifenster-Kabine ist ebenfalls noch vorhanden.

Mercedes-Benz Typ LAK 1924 mit Metz-Aufbau als Großtanklöschfahrzeug GTLF 6, geliefert 1973 an die Berufsfeuerwehr Offenbach/Main.

Mercedes-Benz Typ LAK 1924/42 mit Bachert-Aufbau als Tanklöschfahrzeug TLF 24/50 (240 PS, Radstand 4200 mm, 5000 Liter Wasser, 500 Liter Schaummittel), geliefert 1974 an die Freiwillige Feuerwehr Ingolstadt.

Mercedes-Benz Typ LAK 1624 als Pulverlöschfahrzeug TroLF 2000 (Löschanlage Minimax) der Flughafenfeuerwehr Berlin-Tegel.

Mercedes-Benz Typ LP 1924/46 (abgelastet auf 16 t!) mit Bachert-Aufbau als Sonder-Tanklöschfahrzeug S-TLF 2500/400, geliefert 1970 an die Berufsfeuerwehr Duisburg. Daten: 240 PS, Radstand 4600 mm, 2000 Liter Wasser, 400 Liter Schaummittel, Werfer, 10 t-Seilwinde, 20 kVA-Stromerzeuger, Lichtmast, Besatzung 1 + 8 Mann.

Mercedes-Benz Typ LAK 1920 mit Metz-Aufbau als Flugplatzlöschfahrzeug FLF 25, Baujahr 1971.

Mercedes-Benz Typ LPK 2224 6 x 4 als Wechselaufbaufahrzeug der Berufsfeuerwehr Duisburg. Meiller-Absetzsystem (mit Stützrollen zum Verfahren.) Im Bild: Wechselaufbau Flüssigbehälter.

Wechselaufbau Mulde 10 m³.

Mercedes-Benz Typ LPK 2232 6 x 6 mit Metz-Aufbau als Großtanklöschfahrzeug GTLF 8000 (7000 Liter Wasser, 1000 Liter Schaummittel) der Berufsfeuerwehr Duisburg.

Mercedes-Benz Typ L 1819 mit Metz Telebühne DL 30 S, geliefert Ende 1974 an die Feuerwehr der Stadt Düren. Es war die erste Telebühne auf handelsüblichem Dreiachs-LKW-Fahrgestell! Daten: 192 PS, Radstand 4830 + 1300 mm, Gesamtgewicht 19400 kg, Steighöhe 30 Meter, Korblast 400 kg.

Mercedes-Benz Typ LAK 2624 6 x 6 mit Aufbau Heines-Wuppertal als Sonderlöschfahrzeug (Schaum-Wasser-Fahrzeug), geliefert 1975 an die Freiwillige Feuerwehr Wesseling. Daten: 5000 Liter Wasser, 3000 Liter Schaummittel, Gesamtgewicht 22000 kg.

Mercedes-Benz Typ 1923/52 mit Gelenkmast Simon SS 85 (Korbbodenhöhe 24,4 Meter) der Berufsfeuwehr Stuttgart. Baujahr 1970.

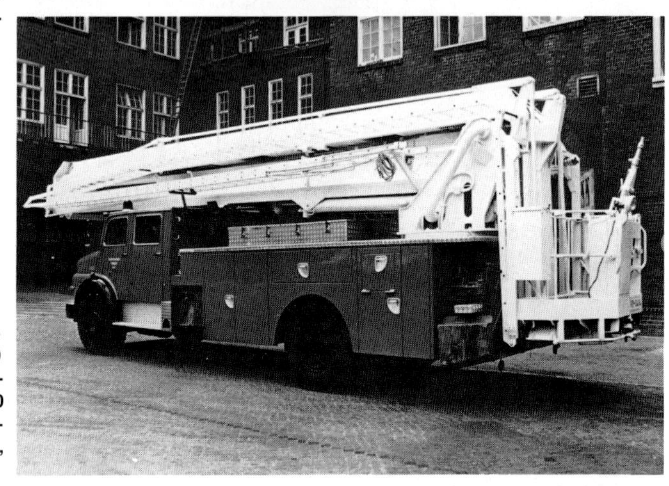

Magirus-Deutz 230 D 19 F mit Gelenkmast Nummela, geliefert 1970 an die Frankfurter Feuerwehr. Daten: 230 PS, Gesamtgewicht 20000 kg, Länge in Fahrtstellung 11,5 Meter, Korbbodenhöhe 25 Meter, Korblast 350 kg.

Magirus-Deutz 230 D 16 F mit Magirus Leiterbühne LB 30 der Berufsfeuerwehr Heilbronn. Serienausführung ab 1970. Daten: 232 PS, Radstand 4800 mm, Gesamtgewicht 14 800 kg, Rettungshöhe 30 Meter, Korblast 350 kg.

Zum Abtransport von Brandschutt, abgerutschten Erdmassen oder ölverseuchtem Boden verwendete die Frankfurter Feuerwehr einen 230 PS Magirus-Deutz Mulden-Hinterkipper für 22 t Gesamtgewicht. Zu Räumeinsätzen rückte der Muldenkipper zusammen mit dem auf Seite 194 abgebildeten Tieflade-Transporter aus, auf dem der Rad-Schaufellader befördert wird. (Inzwischen wurde der Muldenkipper umgebaut und fährt seit 1975 als Wechselaufbaufahrzeug. Fahrgestell 1000 mm verlängert, Abrollkippersystem RK 12 005 von Meiller.)

Magirus-Deutz 232 D 17 FA als Großtanklöschfahrzeug GTLF 6, geliefert 1971 an die Frankfurter Feuerwehr. Daten: 230 PS, Allrad-Antrieb, 6000 Liter Wasser. Das Fahrzeug ist bei der ersten Hilfeleistung nicht auf Hydranten angewiesen. Das Wende-Strahlrohr wird von der Fahrerkabine aus ferngesteuert oder vom erhöhten Beifahrersitz aus bedient, wozu in das Dach eine Glaskuppel als Ausguck eingebaut ist. Zum Eigenschutz bei Wärmestrahlung befinden sich Löschwasserdüsen in Stoßstangenhöhe.

Magirus-Deutz 230 D 16 FA 4 x 4 als Rüstwagen RW 3, geliefert im Januar 1971 an die Berufsfeuerwehr Regensburg.

Magirus-Deutz 230 D 16 F als Schaumtanklöschfahrzeug SLF 24/50, geliefert 1973 an die Berufsfeuerwehr der Stadt Köln. Daten: 230 PS, Gesamtgewicht 17000 kg, 4500 Liter Wasser, 500 Liter Schaummittel, Schaum- und Wasserwerfer SW 2000.

Magirus-Deutz M 230 D 16 FA 4 x 4 als Rüstwagen-Schiene (RW-Schiene), geliefert 1971 als erstes Straße-Schiene-Feuerwehrfahrzeug der Welt an die Frankfurter Feuerwehr. Am Allrad-Fahrgestell ist ein hydraulisch fernbetätigter Gleissatz der Firma Schörling Waggonbau, Hannover, für 1435 mm Schienen-Regelspur angebracht. Das Fahrzeug ist für Unfälle auf Gleiskörpern und in U-Bahn-Tunneln bestimmt. Der Geräte- und Rüstwagen-Aufbau stammt von der Firma Berger-Karosseriebau in Frankfurt. Um Arbeiten in U-Bahn-Schächten zu ermöglichen, wurde der Aufbau (mit Heckladeplattform) sehr schmal ausgeführt und für die Feuerwehrmänner mit Umlaufplattformen versehen. Ein ähnliches Fahrzeug soll 1976 die Bonner U-Bahn erhalten.

Magirus-Deutz M 232 D 16 FAK als Wechselaufbaufahrzeug mit Meiller-Absetzsystem, geliefert 1972 an

die Berufsfeuerwehr München. Daten: Luftgekühlter 232 PS V8-Dieselmotor, Allrad-Antrieb, Radstand 3500 mm, Gesamtgewicht 16 000 kg. Es stehen drei Behälterarten zur Verfügung: 1) Gedeckte Behälter (Absetzkipper), 2) Offene Behälter (Absetzmulde) und 3) Flüssigkeitsbehälter (Absetztank 5 m³, siehe obere Bilder). Auf dem Bild unten wird ein Schaufellader vom Wechselaufbaufahrzeug transportiert.

Magirus-Deutz M 230 oder 270 D 26 AK 6 x 6 als Kranwagen KW 20, serienmäßig von 1970 bis 1975 gebaut als Nachfolger des auf Seite 156 abgebildeten KW 15, später KW 16. Daten des KW 20: 230 PS V 8-Dieselmotor, Radstand 3850 + 1380 mm, Gesamtlänge 8800 mm, Hubkraft des Krans 20 t, Zugkraft des Spills 15 t.

MAN Typ AK 22.230 (230 PS, 22 t Gesamtgewicht) mit 18 t-Kran MFL Typ AMK 21, geliefert 1969 an die Berufsfeuerwehr Hannover.

230 PS MAN Tanksattelzug als TW 1 der Berufsfeuerwehr Heilbronn. Fassungsvermögen 28 000 Liter (A I) in 5 Kammern. 1 Druck- und Saugpumpe. Besatzung 1+ 1 Mann.

MAN 19.304 mit Ziegler-Aufbau und Stadler-Tankauflieger (24 000 Liter Löschmittel in 4 Kammern)) als Groß-tanklöschfahrzeug GTLF 24-1 der Frankfurter Feuerwehr. Das Fahrzeug eignet sich auch für Aufnahme von brennbaren Flüssigkeiten.

MAN 16.256 G als Wechselaufbaufahrzeug mit Meiller-Abrollkipper der Frankfurter Feuerwehr.

MAN 13.230 (230 PS, Gesamtgewicht 13 t) mit Bachert-Aufbau als Flugplatz-Tanklöschfahrzeug F-TLF 6000/1000 für die Feuerwehr der Dornier-Werke München. 6000 Liter Wasser, 1000 Liter Schaummittel, Wenderohr, Heckpumpe 2400 Liter/min, Besatzung 1 + 6 Mann.

Krupp K 806/48 mit Metz-Drehleiter DL 30, geliefert 1966 an die Berufsfeuerwehr Essen. Gibt es nur dort!

Faun LK 906 mit Metz Telebühne DL 30 S, geliefert 1972 an die Berufsfeuerwehr Mannheim. Das war die erste Telebühne, die Antwort von Metz auf die Leiterbühne von Magirus.

Tatra Kolos mit Magirus Drehleiter DL 44 h, geliefert 1972 an die Feuerwehr der CSSR-Hauptstadt Prag. Daten: Luftgekühlter 270 PS V12-Tatra-Dieselmotor, Gesamtgewicht 22 t, Drehleiter mit Fahrstuhl, Leiterhöhe 44 Meter.

Kaelble Typ KDV 4000-Z mit Metz Drehleiter DL 60 für die Moskauer Feuerwehr. Daten: 400 PS Kaelble V8-Dieselmotor mit Abgasturbolader, Radstand 5000 mm, Gesamtlänge 12 Meter, Gesamtgewicht 30 t, Steighöhe der

7-teiligen Leiter 60 Meter, Fahrstuhl für 2 Personen. Zwei dieser bisher höchsten Feuerwehr-Drehleitern der Welt hat Metz 1969 nach Rußland geliefert. Offiziell bestellt waren sie zwar für die Moskauer Feuerwehr, aber sie werden, soviel man weiß, im russischen Raumfahrt- und Raketenzentrum Baikonur verwendet.

Amphibisches Löschfahrzeug ALF 1 der Eisenwerke Kaiserslautern, geliefert 1968 an die Berufsfeuerwehr Mainz. Das ALF 1 wurde aus dem Amphibischen Brücken- und Übersetzfahrzeug M-2 der Bundeswehr abgeleitet, hat sich aber als Feuerwehrfahrzeug nicht bewährt, weshalb auch der Bau eines bereits geplant gewesenen ALF 2 unterblieb. Einige Daten des ALF 1: Luftgekühlter 285 PS V12 Deutz-Dieselmotor, Radstand 5000 mm, Gesamtlänge 9400 mm, Gesamtbreite 2700 mm, Gesamthöhe 3500 mm, Gesamtgewicht 16 000 kg.

VW Golf Baujahr 1975 als Brandschauwagen BSW 4 der Berufsfeuerwehr Hannover. Der BSW 4 dient wie die drei Käfer-VW BSW 1 bis 3 der Abteilung Hauptamtliche Brandschau als Dienstwagen.

VW Passat Variant Baujahr 1974 als Einsatzleitwagen der Berufsfeuerwehr Mainz. – Bei der BF Hannover wurden 1975 drei VW Passat Variant als Mehrzweckwagen (MZW) in Dienst gestellt und 1976 folgen weitere sieben Exemplare. Entsprechend ihrem jeweiligen Einsatzzweck (Einsatzleitwagen, Inspektionswagen, Ordonnanzwagen, Klein-LF) werden die Wagen mit Paletten ausgestattet. Fährt ein MZW beispielsweise als ELW, so wird er mit der hierfür vorgesehenen Palette versehen, in der sich u. a. tragbare Funkgeräte, Kelle und eine magnetische Gummimatte mit Reflexschicht und schwarzen Hubschrauberkennziffern befinden, welche auf das Dach gelegt wird.

Opel Rekord 1700 als Einsatzleitwagen der Hamburger Feuerwehr.

BMW 520 Baujahr 1975 bei der Werkfeuerwehr von BMW München. Auch bei der Berufsfeuerwehr München ist der BMW 520 heute der gebräuchlichste Einsatzleitwagen.

Range-Rover (130 PS 3,5 Liter V8-Benzinmotor, Allrad-Antrieb) als Schnellbergungswagen SBW, je ein Exemplar von der Björn-Steiger-Stiftung 1974 der Stuttgarter und 1975 der Eßlinger Feuerwehr übergeben. Fahrzeuge dieser Art dienen vornehmlich dazu, den Ort eines Verkehrsunfalles möglichst rasch zu erreichen, um eingeklemmte oder eingeschlossene Unfallopfer zu befreien und zu bergen. Das Fahrzeug dient jedoch nicht zum Abtransport Verletzter und auch nicht zum Abschleppen beschädigter Unfallwagen. Zur Ausrüstung des SBW gehören u. a. eine hydraulische Rettungsschere mit 85 mm Maulweite, eine Stihl-Motorsäge, ein Stihl-Trennschleifer, ein elektrisch ausfahrbarer 3,5 Meter-Lichtmast mit Flutlichtstrahlern, ein Funkgerät, ein Notarztkoffer und eine Trage. – Schnellbergungswagen mit Allrad-Antrieb werden neuerdings als Vorausrüstwagen VRW bezeichnet.

Drittes Exemplar eines Schnellbergungs- oder Vorausrüstwagens ist dieser seit 1976 bei der Heilbronner Feuerwehr befindliche Fiat Campagnola (4 Zylinder 2 Liter 80 PS-Benzinmotor, Allrad-Antrieb).

Die große Publizität, welche die Schnellbergungswagen fanden, veranlaßte Daimler-Benz, ebenfalls ein Fahrzeug dieser Art vorzustellen. Es handelt sich um einen Mercedes-Benz Typ 230.6, umgebaut und eingerichtet von der Firma Binz. Schnellbergungswagen ohne Allrad-Antrieb wie dieser Mercedes werden als Vorausgerätewagen VGW klassifiziert.

Die Berufsfeuerwehr Heilbronn stellte schon Anfang 1974 einen Ford Consul Turnier (108 PS 2,3 Liter V6-Motor) als Rettungseinsatzwagen REW in Dienst. Dieser Wagen war von Anfang an genau das, was man heute einen Vorausgerätewagen nennt, eine Fahrzeuggattung, die gewiß mit der Zeit bei allen größeren Feuerwehren Eingang finden wird. Die Ausrüstung des Heilbronner Ford ist etwa die gleiche wie bei anderen Schnellbergungswagen. Geländegängig ist er jedoch nicht, wozu hier auch keine Notwendigkeit besteht, weil er hauptsächlich bei Unfällen innerhalb des Stadtgebiets zum Einsatz kommt. Vorausrüstwagen hingegen sollen außerhalb bebauter Gebiete im Falle verstopfter Straßen auch neben dieser den Unfallort erreichen können.

Den 1975 auf den Markt gekommenen Volkswagen Lastentransporter LT 31 stellt die Firma Ziegler als Tragkraftspritzenfahrzeug TSF (mit Staffelbesetzung) vor, Tragkraftspritze im Heck eingeschoben.

Die Nürnberger Feuerwehr legte sich 1972 diesen veritablen Schaufellader Caterpillar Typ Cat 920 zu. Hauptgrund: Die alte Stadtmauer bröckelt immer mehr ab, wobei es sich, zumal bei Nacht, oft als sehr schwierig und umständlich erwies, für die dann notwendigen Räumarbeiten einen privaten Unternehmer mit der gebotenen Eile zu mobilisieren.

Nachdem Magirus-Deutz das Verkaufsprogramm mit Leichtlastwagen bis hinunter zu 5200 kg Gesamtgewicht erweitert hat, brachte die Firma nun zum ersten Mal in ihrer Geschichte ein »leichtes« Löschgruppenfahrzeug LF 8 heraus. Dieses leichte LF 8 vom Typ FM 90 D 5,6 F mit luftgekühltem 90 PS Deutz-Dieselmotor und einem Gesamtgewicht von 5500 kg besitzt u. a. eine Vorbau-Feuerlöschpumpe FP 8/8 und eine im Heck eingeschobene TS 8/8. Besatzung 1 + 8 Mann. Das erste Fahrzeug dieses Modells erhielt im Oktober 1975 die Freiwillige Feuerwehr Inzell/Oberbayern.

MAN Typ 11.136 (136 PS, 11 t Gesamtgewicht) mit Meiller-Kipper und Ladekran, geliefert 1974 an die Berufsfeuerwehr Nürnberg.

Sechs Magirus-Deutz Löschfahrzeuge LF 16 auf einmal übernahm Ende 1975 die Berufsfeuerwehr München. Diese serienmäßigen Normlöschfahrzeuge besitzen ein Fahrgestell des Typs FM 170 D 11 FA 4 x 4 mit luftgekühltem 176 PS V6 Deutz Dieselmotor und Allrad-Antrieb, eine 3200 Liter-Pumpe im Heck, einen 800 Liter-Wassertank und Platz für eine Besatzung von 1 + 8 Mann. – Löschfahrzeuge des gleichen Modells (siehe Bild), jedoch zusätzlich versehen mit einer 250 kg-Löschpulveranlage und deshalb LF 16/Lp geheißen, besitzen neuerdings auch die Betriebsfeuerwehren der Deutschen Bundesbahn. Der abgebildete Wagen wurde 1975 an das Bundesbahn-Ausbesserungswerk München-Freimann geliefert.

Magirus-Deutz FM 170 D 11 FA 4 x 4 als Rüstwagen RW 2 Baujahr 1975, hier mit ausgefahrener Flutlichtanlage. Einige Daten: 176 PS, Allrad-Antrieb, Radstand 3750 mm, Gesamtlänge 7400 mm, Gesamtgewicht 11 000 kg.

Mercedes-Benz Typ 1017 AK (168 PS, 10 t Gesamtgewicht) mit Bachert-Aufbau als Löschfahrzeug LF 16, Baujahr 1976.

Mercedes-Benz Typ 1219 AF (192 PS V6-Dieselmotor, Allrad-Antrieb, Radstand 3600 mm, Gesamtgewicht 13000 kg) mit Ziegler-Aufbau als Tanklöschfahrzeug TLF 16. Prototyp 1975.

Mercedes-Benz Typ 1719 AK (192 PS V6-Dieselmotor, Allrad-Antrieb, Radstand 3800 mm, Gesamtgewicht 16000 kg) mit Ziegler-Aufbau als Hilfeleistungs-Löschfahrzeug HLF, geliefert 1975 an die Feuerwehr Ludwigshafen. Entgegen der Norm bilden hier Fahrer- und Mannschaftsraum keine bauliche Einheit, weil das serienmäßige Lkw-Fahrerhaus verwendet wurde.

Mercedes-Benz Typ 1017 AF (168 PS, Allrad-Antrieb, Radstand 3600 mm, Gesamtgewicht 10850 kg) mit Bachert-Aufbau als Rüstwagen RW 2. Baujahr 1975/76.

Mercedes-Benz Typ 1419 F (192 PS V6-Dieselmotor, Radstand 4200 mm, Gesamtgewicht 14000 kg) mit Metz-Drehleiter DL 30. Baujahr 1975/76.

MAN Typ 11.168 (11 t Gesamtgewicht, 168 PS) mit Metz-Aufbau als Wasserrettungswagen der Berufsfeuerwehr Nürnberg. Baujahr 1974.

MAN Typ 11.168 HA-LF mit Bachert-Aufbau als Tanklöschfahrzeug TLF 16. Baujahr 1975. 3 Meter breiter Lamellenverschluß!

MAN Typ 13.168 H mit Metz-Drehleiter DL 30.

Ende 1974 stellte die Berliner Feuerwehr erstmalig in Europa einen Löschzug in Dienst, dessen drei Fahrzeuge alle mit Automatik-Getriebe von Allison ausgerüstet sind. Es handelt sich um ein Tanklöschfahrzeug TLF 16 (MAN 11.168 HALF mit Allrad-Antrieb), ein Löschgruppenfahrzeug LF 16 (MAN 11.168 HALF mit Allrad-Antrieb) und um eine Drehleiter DL 30 (MAN 13.168 HDL). An sich waren bis dahin automatische Getriebe für Nutzfahrzeuge nicht mehr neu, doch mußte hier die Schwierigkeit überwunden werden, den für den Feuerwehrbetrieb notwendigen Nebenantrieb entsprechend umzurüsten.

MAN Typ HA-LF 16.256 (Baujahr 1973) als Rüstwagen RW 3-St mit Bachert-Aufbau und 15 t-Seilwinde, geliefert an die Feuerwehr Salzgitter.

Magirus-Deutz FM 232 D 13 F mit Magirus-Drehleiter DL 30. Drei Exemplare dieses Fahrzeugs im Gesamtwert von 1,1 Millionen DM wurden im Herbst 1975 an die Berufsfeuerwehr Stuttgart geliefert. Daten: Luftgekühlter 232 PS V8-Dieselmotor, Gesamthöhe in Fahrtstellung 3,24 Meter, Steighöhe 30 Meter, Gesamtgewicht 14 t. Frontlenker-Staffel-Fahrerhaus für 1 + 5 Mann Besatzung. Zwangsgesteuerter Rettungskorb mit Wenderohr, Halogenscheinwerfer und Wechselsprechanlage. Neu: Mit der Leiter ausfahrbare Schnellangriffseinrichtung.

Magirus-Deutz FM 232 D 16 FA 4 x 4 als Zumischer-Löschfahrzeug ZLF 24/65. Baujahr 1975.

MAGIRUS DEUTZ
232

Berufsfeuerwehr
Köln
MAGIRUS DEUTZ
232
K-2798

Magirus-Deutz FM 232 D 15 F (luftgekühlter 232 PS V8-Dieselmotor, Radstand 5200 mm) mit Meiller Wechsellader-Abrollsystem als Wechselaufbaufahrzeug der Berufsfeuerwehr München. Baujahr 1975. Für unterschiedliche Einsatzaufgaben stehen verschiedene Behälter und Ladepritschen zur Verfügung. Fahrzeuggewicht 8400 kg, Gesamtgewicht 15700 kg. – Die beiden unteren Bilder zeigen eine mit Schnellkupplungsrohren beladene Wechselpalette. Jede Palette enthält 104 Rohre von je 6 Meter Länge und 103 mm ∅. Die Rohre werden für eine behelfsmäßige Wasserversorgung oder zur Löschwasserförderung im Katastropheneinsatz verwendet.

Oberes Bild: Magirus-Deutz FM 232 D 15 F mit Feka-Multilift-Wechselladesystem als Wechselaufbaufahrzeug, geliefert 1975 an die Berufsfeuerwehr Berlin.

Unteres Bild: Magirus-Deutz FM 232 D 15 F mit Feka-Multilift-Wechselladesystem als Wechselaufbaufahrzeug, geliefert Ende 1974 an die Berufsfeuerwehr der Stadt Köln.

Magirus-Deutz FM 232 D 16 FA 4 x 4 als Tanklöschfahrzeug TLF 24/50, vorgestellt im März 1976. Daten: Luftgekühlter 232 PS Deutz Dieselmotor, Allrad-Antrieb, Gesamtgewicht 16 t, Löschmittelvorrat 5000 Liter Wasser und 500 Liter Schaummittel. Der Monitor auf dem Dach, bisher nur bei Flugfeld- und Sonderlöschfahrzeugen verwendet, ist hier erstmals Bestandteil eines genormten, serienmäßigen Löschfahrzeugs. Das TLF 24/50 ist vor allem als Autobahn-Schnellangriffswagen vorgesehen und kann zusammen mit einem Rüstwagen RW 2 oder RW 3 als Autobahn-Rettungszug eingesetzt werden.

Magirus-Deutz FM 310 D 22 FK 6 x 4 als Schaum-Wasser-Tanklöschfahrzeug SLF 24/100, geliefert 1976 für einen afrikanischen Flughafen. Daten: 305 PS Deutz Dieselmotor, 22 t Gesamtgewicht, 9000 Liter Wasser, 1000 Liter Schaummittel, Pumpenleistung 3200 Liter/min, Reichweite des Wendestrahlrohrs 60 Meter.

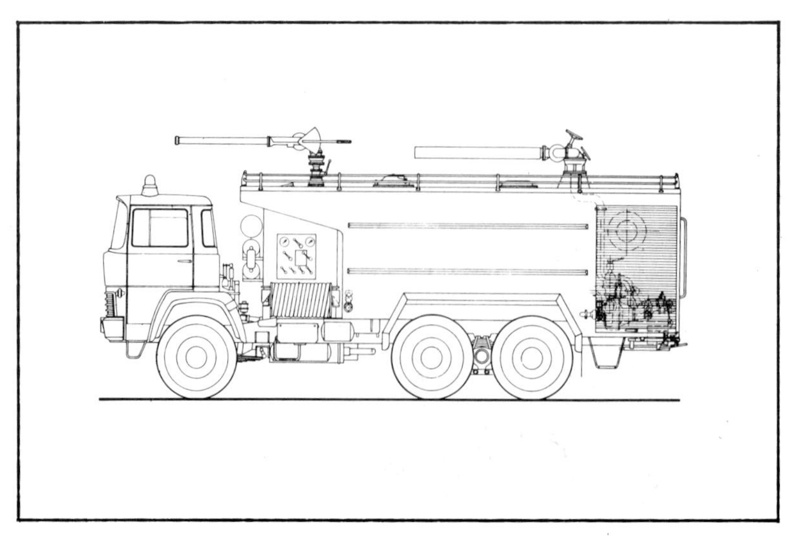

Magirus-Deutz FM 310 D 26 FK 6 x 4 als Zumischer-Löschfahrzeug ZLF 40/100 P 1000, 1976 exportiert nach Syrien. Daten: 305 PS Deutz Dieselmotor, 26 t Gesamtgewicht, 6000 Liter Wasser, 4000 Liter Schaummittel, Druckkessel mit 100 kg Pulver. Pumpenleistung bis 4000 Liter/min, Wurfweite der beiden Wenderohre 75 Meter für Schaum oder Wasser sowie 50 Meter für Trockenlöschmittel. Das Fahrzeug läßt sich auf Flughäfen oder in der Mineralölindustrie an Hydranten-Ringleitungen anschließen, so daß es durch den großen Schaummittelvorrat längere Zeit mit Schaum löschen kann.

→

Mercedes-Benz Typ LPK 2632 6 x 6 mit Metz-Aufbau als Großtanklöschfahrzeug GTLF 8000 (8000 Liter Wasser, 1000 Liter Schaummittel) nach Duisburg geliefert.

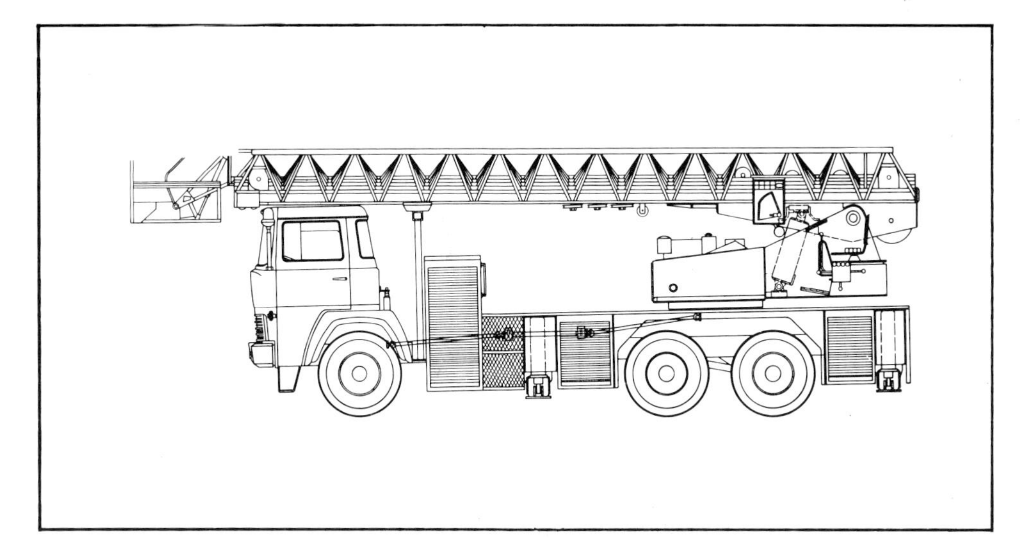

Magirus-Deutz FM 310 D 21 F 6 x 4 als Leiterbühne LB 30/5. Das erste Exemplar geht voraussichtlich Ende 1976 nach Frankfurt. Die fünfteilige, hydraulisch betätigte Leiterbühne trägt einen festangebauten, parallelgeführten Rettungskorb für 30 Meter Arbeitshöhe. An der Bühne befinden sich Wendestrahlrohr und Flutlichtscheinwerfer. Luftgekühlter 305 PS Deutz Dieselmotor. Gesamtgewicht 21 t. Trupp-Fahrerhaus für 1 + 2 Mann. Es ist übrigens die erste 30 Meter-Leiter mit fünfteiligem Park!

Mercedes-Benz Typ 2632 6 x 6 mit Pulverlöschanlage der Firma Total als Pulverlöschfahrzeug TroLF 6000 (Pulvervorrat 6000 kg) für den Flughafen München.

Kranwagen KW 20 der Berufsfeuerwehr München. Gottwald Typ AMK 45–21. Luftgekühlter 144 PS Deutz-Dieselmotor. Allrad-Antrieb 4 x 4. Radstand 3120 mm, Fahrzeuglänge 8600 mm, Fahrzeugbreite 2500 mm, Fahrzeughöhe 3460 mm. Gesamtgewicht 12 000 kg. Kranlast 20 t. Dreiteiliger Teleskopausleger, Arbeitshöhe bis 22 Meter. Dieser Kranwagen läßt sich auch von der Krankabine aus fahren, die einen vollständigen Fahrstand enthält.

Einen Kranwagen KW 20 fast gleicher Ausführung besitzt seit 1970 die Berufsfeuerwehr Hamburg: Gottwald Typ AMK 45–21 mit 160 PS Daimler-Benz-Motor und dreiteiligem Ausleger. Fahrerhaus für 2 Mann Besatzung verbreitert. Einsatz als Mehrschalengreifer nach kurzem Umbau möglich. 10 t-Seilwinde im Heck.

Die Berliner Feuerwehr verfügt über einen Kranwagen KW 30, Baujahr 1972: Gottwald Typ AMK 55-31 mit 230 PS Deutz-Motor und vierteiligem Ausleger. Gesamtgewicht 33 t, Kranlast 30 t.

FEUERWEHR BERLIN

Faun LK 906/48 mit Kranaufbau der Maschinenfabrik Langenfeld (MFL), 1971 als Kranwagen KW 20 geliefert an die Berufsfeuerwehr der Stadt Köln. Tragkraft 20 t bei 6-fach eingeschertem Seil. Auslegerhöhe bis 26 Meter. 10 t-Seilwinde mit Zug nach vorn und hinten. Abschleppgalgen mit 8 t Hubkraft.

Faun KF 3041/48 mit Kranaufbau der Maschinenfabrik Langenfeld MFL AK 2018, geliefert 1972 als Kranwagen KW 20 an die Berufsfeuerwehr Stuttgart. 340 PS V12 Deutz-Motor. Ausleger dreiteilig. Kranlast 20 t. Arbeitshöhe bis 18,7 Meter.

SFB/MFL Typ AK 2525, Baujahr 1974, als Kranwagen KW 25 der Berufsfeuerwehr Dortmund. Ein gleiches Fahrzeug ist bei der Berufsfeuerwehr Freiburg/Br. vorhanden.

Die Berufsfeuerwehr Kiel erhielt 1974 den ersten Liebherr Kranwagen KW 30. 240 PS Daimler-Benz Motor, vierteiliger Ausleger, Gesamtgewicht 38 t.

Faun mit Kranaufbau der Firma Rheinstahl, geliefert 1973 als Kranwagen KW 30 an die Berufsfeuerwehr Essen. Vermutlich Einzelexemplar.

Einen Liebherr Kranwagen KW 45 erhielt 1976 die Berufsfeuerwehr München. Dieser Superbrummer ist mit 45 t Kranlast der bisher größte Feuerwehr-Kranwagen Deutschlands.

Kaelble Typ KV 600 F mit Aufbau der holländischen Firma Kronenburg als Flugplatz-Tanklöschfahrzeug FLF 66, ab 1970 drei Exemplare an die Feuerwehr des Flughafens Stuttgart-Echterdingen geliefert. Einige Daten: 660 PS Daimler-Benz V6-Dieselmotor mit Turbolader, 6 Gang Allison Wandler-Schaltgetriebe, Allrad-Antrieb 4 x 4, Gesamtgewicht 32 t, Höchstgeschwindigkeit 110 km/h, 180 PS-Pumpenmotor im Heck, 8000 Liter Wasser, 1000 Liter Schaummittel, Besatzung 1 + 2 Mann. – Mittleres Bild: Das Kaelble Schaumlöschfahrzeug mit Löschmittel-Landebahnbeschäumungsanhänger. 1973 von Firma Haller geliefert (Allradlenkung, 45 000 Liter Wasser, 5000 Liter Schaummittel, Gesamtgewicht 73 000 kg).

Faun LF 512/38 V 4 x 4 (luftgekühlter 340 PS Deutz Dieselmotor, Gesamtgewicht 19,5 t, Besatzung 1 + 4 Mann) mit Aufbau der Firma Ginge (Kopenhagen) als Flugplatz-Tanklöschfahrzeug der Schweizer Armee.

Faun LF 910/42 V 6 x 6 (zwei luftgekühlte V8 Deutz-Dieselmotoren, 2 x 320 PS, Frontmotor für Pumpenbetrieb, Gesamtgewicht 31 t, Besatzung 1 + 3 Mann) mit Magirus Aufbau als Flugplatz-Großtanklöschfahrzeug für Hannover-Langenhagen. Löschmittelvorrat 9000 Liter Wasser und 1000 Liter Schaummittel. Höchste Pumpenleistung 4800 Liter/min. Wurfweite des Monitors (Wendestrahlrohrs) bis 100 Meter.

Faun LF 910/42 V 6 x 6 mit Aufbau der Firma Rosenbauer (Linz/Österreich) als Flugplatz-Großtanklöschfahrzeug GTLF 10 des Flughafens Bremen. Baujahr 1976. Länge 9700 mm, Breite 2780 mm, Höhe 3800 mm. 10000 Liter Wasser + 1000 Liter Schaummittel.

Faun LF 1208/465 V 6 x 6 (730 PS V8 Daimler-Benz Dieselmotor, Wandler-Schaltgetriebe, Gesamtgewicht 36 t, Besatzung 1 + 3 Mann) mit Aufbau der Firma Sides (St. Nazaire) als Flugplatz-Großtanklöschfahrzeug des Flughafens Berlin-Tegel.

Faun LF 40.30 x 2/48 V 8 x 8 (zwei luftgekühlte V8 Deutz Dieselmotoren 2 x 320 PS, Wandlerschaltgetriebe, wahlweise 1 Motor abschaltbar zum Antrieb der 5000 Liter/min-Feuerlöschpumpe, Gesamtgewicht 32 t) mit Aufbau der Fa. Kronenburg als Feuerlösch-Kfz 8000/800 Wasser/Schaummittel der Bundeswehr. Im Bild einer der drei bisher vorhandenen Prototypen. Zulauf der ersten Serienfahrzeuge ab Mitte 1976.

Faun LF 1412/45 V 8 x 8 (zwei luftgekühlte V12 Deutz Dieselmotoren 2 x 450 PS, 1 Motor für Pumpenbetrieb, Länge 10 620 mm, Breite 3000 mm, Höhe 3005 mm, Gesamtgewicht 48 t, max. 102 km/h, Besatzung 1 + 2 Mann) mit Aufbau der Firma Sides (St. Nazaire) als Flugplatz-Großtanklöschfahrzeug des Flughafens Paris-Orly.

Faun LF 1412/52 V 8 x 8 (zwei luftgekühlte V12 Deutz Dieselmotoren 2 x 500 PS, 1 Motor für Pumpenantrieb, Länge 11700 mm, Breite 3000 mm, Höhe 3120 mm, Gesamtgewicht 51 t, max. 107 km/h, Besatzung 1 + 3 Mann) mit Aufbau der Firma Kronenburg (Hedel/Holland) als Flugplatz-Großtanklöschfahrzeug GTLF 18 des Flughafens Hamburg. 18000 Liter Wasser, 2000 Liter Schaummittel.

Faun LF 1412/52 V 8 x 8 mit Magirus-Aufbau, 1972 in zwei Exemplaren als Flugplatz-Großtanklöschfahrzeug FLF 80/200 geliefert an die Feuerwehr des Flughafens München-Riem. 18000 Liter Wasser, 2000 Liter Schaummittel.

Faun LF 1410/52 V 8 x 8 (1000 PS Daimler-Benz V10-Zylinder-Dieselmotor, Wandlerschaltgetriebe, Länge 11 600 mm, Breite 3000 mm, Höhe 3120 mm, Gesamtgewicht 51 t, Besatzung 1 + 3 Mann) mit Metz-Aufbau, geliefert 1969 als erstes Flugplatz-Großtanklöschfahrzeug dieser Art für den Flughafen Frankfurt/Main. Löschwasservorrat 18 000 Liter (GTLF 18), 2000 Liter Schaummittel.

Faun LF 1410/52 V 8 x 8 mit Aufbau der Firma Total, als Trockenlöschfahrzeug TroLF 12000 der Feuerwehr des Frankfurter Rhein-Main-Flughafens. Auf dem Bild sieht man das Fahrzeug in Aktion, dahinter sieht man eben noch das oben dargestellte GTLF 18.

Faun LF 1412/57 V 8 x 8 (zwei luftgekühlte V12-Zylinder Deutz Dieselmotoren mit Turbolader 2 x 500 PS, Frontmotor zum Antrieb der Kreiselpumpe in Fahrzeugmitte umschaltbar, Fahrerkabine vorn und hinten, Länge 11 700 mm, Breite 3000 mm, Höhe 3500 mm, Gesamtgewicht 52 t) mit Magirus-Aufbau, geliefert 1972 als Großtanklöschfahrzeug GTLF 18 (18 000 Liter Wasser und 2000 Liter Schaummittel) an die Berufsfeuerwehr Frank-

furt (Main). Dieses derzeit aufwendigste deutsche Feuerwehrfahrzeug wird nicht nur auf dem Rhein-Main-Flughafen, sondern auch bei Waldbränden, bei Schiffsbränden auf dem Main und bei anderen Großbränden eingesetzt. Gekostet hat das Riesenauto 668 000 DM.

Die Kraftfahrzeuge des Katastrophenschutzes

Das Technische Hilfswerk (THW) wurde im Jahre 1950 von der Bundesregierung eingerichtet. Es ist, wenn auch nicht ohne Vorbehalte, praktisch die Nachfolgeorganisation der 1919 gegründeten und bei Kriegsende aufgelösten Technischen Nothilfe (TN), auf deren technische Erfahrungen der Kriegszeit das THW aufbaute, ohne jedoch die politischen Zielsetzungen zu übernehmen. (Die TN war ursprünglich von Pioniersoldaten des ersten Weltkriegs aufgezogen worden zu dem Zweck, die Beeinträchtigung öffentlicher Versorgungseinrichtungen infolge politischer Streiks und Demonstrationen zu verhindern oder zu beheben.) Die Aufgaben des heutigen Technischen Hilfswerks sind frei von politischen Akzenten: Leistung technischer Hilfe bei Katastrophen und Unglücken größeren Ausmaßes sowie bei der Beseitigung von öffentlichen Notständen, durch welche die lebensnotwendige Versorgung der Bevölkerung, der öffentliche Gesundheitsdienst oder der lebensnotwenige Verkehr gefährdet werden, sofern alle anderen hierfür vorgesehenen Maßnahmen (der Feuerwehren und Sanitätsdienste) nicht ausreichen.

Als weitere Hilfsorganisation schuf die Bundesregierung 1957 den Luftschutzhilfsdienst (LSHD). Für dessen Zwecke wurden Sonderfahrzeuge entwickelt, die bald als »ZB-Fahrzeuge« einen gewissen Bekanntheitsgrad erlangten. Die Aufgaben des LSHD, nämlich Hilfe in Notstandsfällen zu leisten, erforderten verschiedene Fachdienste. Besonders zu nennen wären hier der Brandschutzdienst, der Bergungsdienst, der Sanitätsdienst, der ABC-Dienst und der Fernmeldedienst. Taktische Einheit jedes Fachdienstes war zunächst die vollmotorisierte Bereitschaft, bestehend aus 1 Führungsgruppe, 3 Einsatzzügen und 1 Versorgungszug.

Die früheren Bundesanstalten für zivilen Luftschutz und Technisches Hilfswerk wurden Ende 1958 im Bundesamt für zivilen Bevölkerungsschutz (BzB) zusammengefaßt, das seit 1974 die Bezeichnung Bundesamt für Zivilschutz (BZS) führt. Das Technische Hilfswerk, eine nach wie vor vom Bund unterhaltene Hilfsorganisation mit einem THW-Landesverband in jedem Bundesland, behielt dabei seine früheren Aufgaben und Funktionen. Sie bestehen im wesentlichen in der Ausübung von Bergungs- und Instandsetzungsdiensten. Die Einheiten des LSHD hingegen sind seit 1968 in den Katastrophenschutz der kreisfreien Städte und Landkreise eingeordnet. Das bedeutet, daß der Bund jene Fahrzeuge des Katastrophenschutzes (KatS-Fahrzeuge), die dem Brandschutz und Sanitätsdienst dienen, dem friedensmäßigen Katastrophenschutz überließ, der zu den Aufgaben der Länder und Gemeinden gehört.

Die Fachdienste wurden nach dem Erlaß des Gesetzes über die Erweiterung des Katastrophenschutzes von 1968 neu gegliedert, wobei sich auch deren Ausstattung mit Kraftfahrzeugen teilweise änderte. Aus taktischen Gründen sind nun alle KatS-Fahrzeuge fachdienstweise in bestimmten Farben gehalten. Nach jetziger Festlegung sind die Fahrzeuge des Brandschutzdienstes in rot (RAL 3000), des Bergungsdienstes in ultramarinblau (RAL 5002), des Sanitätsdienstes in elfenbein (RAL 1014) sowie der ABC-, Fernmelde- und Versorgungsdienste in orange (RAL 2004) zu lackieren. Das vorher für alle KatS-Fahrzeuge (ausgenommen für den Brandschutzdienst) verwendete khakigrau (RAL 7008), auch oliv genannt, wird nach und nach verschwinden.

Die Fahrzeuge des Brandschutzdienstes

Die früheren LS-Feuerwehr-Bereitschaften (LS-FB) waren seit 1956 in zwei Angriffszüge und einen Wasserversorgungszug gegliedert. Jeder Angriffszug verfügte über 1 Vorauslöschfahrzeug, 2 Tanklöschfahrzeuge TLF 8 und 1 Löschgruppenfahrzeug LF 16-TS. Der

Wasserversorgungszug bestand aus 1 Tanklöschfahrzeug TLF 16, 1 Schlauchkraftwagen und 1 Löschgruppenfahrzeug LF 16-TS. Es handelte sich, abgesehen vom Unimog, um Fahrzeuge der 4,5 t-Klasse.

Der Brandschutzdienst im Katastrophenschutz sieht seit 1973 den »Löschzug Löschen und Retten (LZR)« und den »Löschzug Löschen und Wasserversorgung (LZW)« vor. Der Löschzug LZR besteht aus 1 Zugtrupp, 2 Löschgruppen, die mit Löschfahrzeugen ausgestattet sind, und 1 Rettungstrupp, der entweder über einen Gerätewagen oder über einen Rüst- bzw. Hilfsrüstwagen verfügt. Der Löschzug LZW führt statt des Rettungs- einen Wasserversorgungstrupp. Dessen Fahrzeug ist entweder ein SKW oder ein SW 2000 (T). In den Löschzügen werden nunmehr neben den KatS-Fahrzeugen auch die genormten Löschfahrzeuge und Schlauchwagen gleichwertig nebeneinander verwendet.

Es lag nahe, die Erfahrungen mit den Löschfahrzeugen des zweiten Weltkriegs bei der Entwicklung neuer Fahrzeuge für den LS-Brandschutzdienst soweit wie möglich zu berücksichtigen. Um sie in vertrümmerten Schadensgebieten einsetzen zu können, wurden allradgetriebene Fahrzeuge der 1,5 t- und 4,5 t-Klasse vorgesehen. In beiden Fahrzeugklassen war man auf möglichst einheitliche Fahrgestelle bedacht. Auch die als abnehmbare Koffer gestalteten Aufbauten erhielten einheitliche Abmessungen und Befestigungen, damit sie innerhalb ihrer Fahrzeugklasse austauschbar blieben. Die Fahrzeuge des LS-Brandschutzdienstes haben daher im Gegensatz zu den genormten Löschfahrzeugen keinen mit dem Fahrerhaus vereinigten Mannschaftsraum. Hier gehört das serienmäßige Fahrerhaus zum Fahrgestell, wobei zur Mannschaft im vorderen Teil des Koffers mittels eines Faltenbalges Sprech- und Durchreichverbindung besteht. Im Dach des Fahrerhauses befindet sich über dem Beifahrer eine Beobachtungsluke.

Bis auf das Vorauslöschfahrzeug, das man völlig neu entwickeln mußte, gab es für alle Löschfahrzeugtypen Vorbilder, wofür entsprechende Normen vorhanden waren. Dennoch verlief die Entwicklung der Löschfahrzeuge in der Nachkriegszeit zweigleisig, weil die vom Bund beschafften Löschfahrzeuge nicht den Richtlinien des Fachnormenausschusses Feuerwehrwesen entsprachen. Immerhin hat das Bundesamt für Zivilschutz im Jahre 1975 beschlossen, künftig nur noch genormte Löschfahrzeuge, Rüstwagen und Krankentransportwagen zu beschaffen. Damit ist ein wichtiger Schritt zur Vereinheitlichung getan.

Für den Katastrophenschutz stehen insgesamt etwa 3880 bundeseigene Löschfahrzeuge zur Verfügung, von denen sich (nach der Statistik 1974) 1814 bei den Freiwilligen Feuerwehren und 246 bei den Berufsfeuerwehren befinden. Die übrigen werden in den Zentren des Katastrophenschutzes für den Ernstfall vorgehalten.

Vorauslöschfahrzeug (VLF): Als erstes Fahrzeug jeden Angriffszuges hatte das VLF die Aufgabe, Menschen vor Brandgefährdung zu retten, Schadensgebiete zu erkunden, leichte Räumarbeiten auszuführen und dabei vor allem Verkehrswege freizumachen sowie den Löschzug kräfte- und gerätemäßig zu verstärken. Für diesen neu entwickelten Löschfahrzeugtyp wurde ausschließlich der Mercedes-Benz Unimog S mit Benzinmotor und serienmäßigem Radstand verwendet. Die Besatzung betrug 1 + 5, nämlich 2 Mann im Fahrerhaus und 4 Mann im Mannschaftsabteil des Kofferaufbaus. In der Mitte des Koffers befindet sich ein 330 Liter-Wasserbehälter. Eine fest eingebaute Feuerlöschkreiselpumpe gibt es nicht, hingegen eine Tragkraftspritze TS 2/5. Vorhanden ist eine Vorbau-Seilwinde mit 1,5 t Zugkraft, die Beladung umfaßt sowohl Lösch- als auch Bergungsgeräte. Im friedensmäßigen Brandschutz spielt das VLF keine Rolle.

Tanklöschfahrzeug TLF 8: Das TLF 8 dient zur Brandbekämpfung, und zwar auch bei schwierigem Gelände. Außerdem war das TLF 8 für die Feuerwehr-Schnelltrupps des Brandschutzdienstes (Bindeglied zwischen den Selbstschutzkräften und den Feuerwehr-Bereitschaften) vorgesehen. Das für den zivilen Bevölkerungsschutz entwickelte TLF 8 entspricht nicht der genormten Ausführung. Als Fahrgestell wird der Mercedes-Benz Unimog S verwendet. Die Besatzung beträgt 1 + 2, davon 1 Mann rechts vorn im Kofferaufbau. Ausgerüstet ist das TLF 8 mit einem 800 Liter-Wassertank, einer Feuerlöschkreiselpumpe FP 8/8 S und einer Schnellangriffseinrichtung. Das TLF 8 hat sich auch im friedensmäßigen Brandschutz, so 1975 bei der Waldbrandkatastrophe in Niedersachsen, gut bewährt.

Löschgruppenfahrzeug LF 16-TS: Für diesen Typ wurden bisher ausschließlich Fahrgestelle von Magirus-Deutz verwendet. Die Mannschaftsstärke beträgt 1 + 8 wie beim genormten LF 16-TS. Die Feuerlöschkreiselpumpe FP 16/8 S ist fest eingebaut und fördert 2400 Liter/min bei 80 m WS. Zusätzlich wird eine Tragkraftspritze TS 8/8 mitgeführt. Hingegen fehlt ein Wassertank. Der Schlauchbestand ist größer als beim genormten LF 16-TS.

Tanklöschfahrzeug TLF 16: Es dient zur Brandbekämpfung sowie zur Herbeischaffung von Löschwasser im Pendelverkehr. Für diesen Typ wurden bisher ausschließlich Fahrgestelle von Magirus-Deutz verwendet. Mit der genormten Ausführung hat dieses TLF 16 die Mannschaftsstärke (Staffelbesatzung 1 + 5) und den Löschwasserbehälter von 2400 Liter Inhalt gemeinsam. Von der Besatzung müssen 4 Mann im Kofferaufbau untergebracht werden. Fest eingebaut ist eine Kreiselpumpe FP 16/8 S. Der Schlauchbestand ist größer als beim genormten TLF 16.

Schlauchkraftwagen (SKW): Mit diesem Fahrzeug werden lange Schlauchleitungen verlegt, aber auch selbständige Löschangriffe durchgeführt. Der SKW ist mit mindestens 1240 m B-Schläuchen beladen, die vom fahrenden Wagen als geschlossene Leitung verlegt werden können. Für den selbständigen Löschangriff sind eine Tragkraftspritze TS 8/8 und die wasserführenden Armaturen vorhanden. Der SKW hat wie der genormte Schlauchwagen SW 2000 eine Staffelbesatzung (1 + 5). Verwendet wurden für ihn bisher ausschließlich 4,5 t-Fahrgestelle von Magirus-Deutz. Der SKW hat sich im friedensmäßigen Brandschutz gut bewährt.

Hilfsrüstwagen (HRW): Als 1968 der Luftschutzhilfsdienst in den Katastrophenschutz eingeordnet wurde, konnten die Tanklöschfahrzeuge TLF 8 in die neuen Löschzüge übernommen werden, nicht aber die Vorauslöschfahrzeuge (VLF). Diese werden daher, soweit altersmäßig noch vertretbar, zu Hilfsrüstwagen umgebaut. Solche Umrüstung ist weitaus billiger als die Beschaffung eines genormten Rüstwagens RW 1, wobei allerdings der technische Einsatzwert eines HRW niedriger einzustufen ist. Die äußere Gestalt des Aufbaus bleibt bei der Umrüstung unverändert. Bis 1975 waren die ersten hundert von insgesamt 354 VLF umgerüstet.

Die Fahrzeuge des Bergungsdienstes

Der Bergungsdienst im früheren LSHD hatte die Aufgabe, Bergungs- und Aufräumungsarbeiten durchzuführen, wobei es vornehmlich um die Rettung von Menschen und die Bergung von Verschütteten, Verletzten und Toten ging. Außerdem erfolgten unaufschiebbare Instandsetzungen zur Behebung von Gefahren und Notständen. Eine LS-Bergungsbereitschaft (LS-BB) gliederte sich in 1 Führungsgruppe, 3 Bergungszüge und 1 Versorgungszug. Jeder Bergungszug verfügte über 3 Mannschaftskraftwagen (MKW) und 1 Gerätekraftwagen (GKW). Beide Fahrzeugtypen waren Neuentwicklungen wie auch der Bergungsschnelltruppwagen (BSW), mit dem die Bergungsschnelltrupps bis zum Eintreffen der Bergungsbereitschaften Erkundungen durchführen und die Selbstschutzkräfte unterstützen sollten.

Seit 1973 sieht der Bergungsdienst im Katastrophenschutz (KatS) den Bergungszug (BZ) vor. Er soll Menschen, Tiere und Sachwerte aus Gefahrenlagen retten, Wege und Übergänge behelfsmäßig herrichten sowie leichte Räumarbeiten leisten. Jeder Bergungszug besteht aus dem Zugtrupp (1 Zugtruppkraftwagen + 1 Krad), 3 Bergungsgruppen (je 1 MKW) und 1 Gerätegruppe (1 GKW, 1 Kipper). Die Bergungsschnelltruppwagen gibt es nicht mehr. Als Zugtruppkraftwagen werden, wie übrigens bei allen Fachdiensten, VW-Busse verwendet.

Mannschaftskraftwagen (MKW): Er befördert nicht nur, wie die Bezeichnung vermuten läßt, lediglich die Mannschaft, sondern außerdem auch noch bestimmte Bergungsgeräte. Der

MKW nimmt 1 + 10 Mann auf, und er führt Holz- und Metallbearbeitungsgeräte, Räum- und Hebegeräte sowie Beleuchtungsgeräte mit. Es wurden bisher ausschließlich allradgetriebene Kraftfahrzeuge der Marken Borgward (zuläss. Gesamtgewicht 5200 kg) und Hanomag (zuläss. Gesamtgewicht 5500 kg) verwendet. Insgesamt dürften etwa 1800 MKW vorhanden sein. Als Nachfolgetyp ist der Mercedes-Benz Typ LA 911 vorgesehen.

Gerätekraftwagen (GKW): Der GKW besitzt eine sehr umfangreiche Ausrüstung für Bergungsaufgaben, die sogar Sprenggeräte enthält. Besatzung 1 + 1 Mann. Für den ursprünglichen GKW wurden allradangetriebene Fahrgestelle Magirus-Deutz Typ Mercur sowie Borgward Typ B 555 und B 4500 A verwendet. Am vorderen Rahmenende befand sich eine mechanisch angetriebene Vorbauseilwinde mit 4,5 t Zugkraft. Nachfolgemodell ist seit 1972 der GKW 72, ebenfalls mit Allrad-Antrieb, überwiegend auf Fahrgestell Mercedes-Benz LA 1113 B, aber auch auf Magirus-Deutz 170 D 11 FA. Der GKW 72 wurde in Anlehnung an den genormten Rüstwagen RW 1 entwickelt. Er besitzt nun ebenfalls einen gemeinsamen Raum für die gesamte Mannschaft (1 + 6) sowie für den Geräteraum Lamellen-Verschlüsse statt Drehtüren und Klappen. Die hydraulisch angetriebene Seilwinde (Zugkraft 5 t) ist in Rahmenmitte eingebaut. Insgesamt sind etwa 630 GKW vorhanden, von denen sich 85 nach der Statistik 1974 bei Freiwilligen Feuerwehren befinden.

Bergungsschnelltruppwagen (BSW): Als Bergungsschnelltruppwagen, die es inzwischen als solche nicht mehr gibt, wurden Unimog S verwendet. Sie waren mit 1 + 3 Mann besetzt, 2 Mann davon im vorderen Teil des Koffers.

Die Fahrzeuge des Sanitätsdienstes

Aufgabe des LS-Sanitätsdienstes war es, Erste Hilfe zu leisten und für den Abtransport Verletzter zu sorgen. Die LS-Sanitätsbereitschaft (LS-SB) bestand aus 1 Führungsgruppe, 3 Sanitätszügen und 1 Versorgungszug. Jeder Sanitätszug verfügte über 3 Großkrankenkraftwagen (Gkrkw), der Versorgungszug u. a. über 1 Krankenkraftwagen (Krkw).

Seit 1973 sieht der Sanitätsdienst im Katastrophenschutz (KatS) den Sanitätszug (SZ) und den Krankentransportzug (KTZ) vor. Der Sanitätszug leistet im Schadengebiet Erste Hilfe und ärztliche Versorgung, vornehmlich zur Abwendung lebensbedrohender Zustände und zur Herstellung der Transportfähigkeit. Verletzte werden abtransportiert. Jeder Sanitätszug besteht aus 1 Zugtrupp (1 Zugtruppkraftwagen + 1 Krad), 1 Arztgruppe (1 KTW + 1 Gkrkw) und 3 Sanitätsgruppen (je 2 KTW). Der Krankentransportzug hingegen führt erstversorgte Verletzte und Kranke aus dem Einsatzraum des Sanitätszuges der ärztlichen Endversorgung zu. Er unterstützt auch Verlegungsmaßnahmen von Krankenanstalten und Pflegestätten. Jeder Krankentransportzug besteht aus 1 Zugtrupp und 1 Krankentransportgruppe mit 1 Gkrkw, 1 Krkw oder KTW sowie 1 Krlkw (6 Tragen).

Großkrankenkraftwagen (Gkrkw): Für Großkrankenkraftwagen wurden 3,5 t-Fahrgestelle der Marken Mercedes-Benz (Allradantrieb, zuläss. Gesamtgewicht 7600 kg) und Ford (Straßenantrieb, zuläss. Gesamtgewicht 7000 kg) verwendet. Die ursprüngliche Zahl von 12 Krankentragen im Kofferaufbau hat man später auf 8 verringert. Der Krankentransport in diesen Fahrzeugen ist wegen der sehr harten Federung freilich nur im Verteidigungsfall oder als Notmaßnahme zumutbar. Insgesamt dürften etwa 1650 Gkrkw vorhanden sein.

Krankenkraftwagen (Krkw): Als Krkw mit 3 Tragen wurden früher ausschließlich Leichttransporter Ford FK 1250 verwendet. Nachfolgetyp ist seit 1973 der genormte Krankentransportwagen (KTW). Es handelt sich um den Ford Transit FT 130 mit 3 Tragen, dessen Einrichtung die Firma Binz besorgt. Der Bestand beträgt etwa 180 Krkw.

Die Fahrzeuge des ABC-Dienstes

Der ABC-Dienst des früheren LSHD hatte die Aufgabe, Schäden und Gefahren festzustellen sowie nach Möglichkeit zu beseitigen, die durch atomare, biologische oder chemische Stoffe verursacht worden sind. Eine LS-ABC-Bereitschaft (LS-AB) war in 1 Führungsgruppe, 3 ABC-Züge und 1 Versorgungszug gegliedert. Jeder ABC-Zug verfügte über 2 Entgiftungsfahrzeuge (EF) und 2 Tankwasserwagen (TW 30). Überörtliche ABC-Meßzüge besaßen außerdem 1 Vorausentgiftungsfahrzeug (VEF). Zwei TW 30 gehörten auch zum Versorgungszug.

Seit 1973 sieht der ABC-Dienst im Katastrophenschutz (KatS) den ABC-Zug (ABC-Z) vor. Er hat die durch atomare, biologische oder chemische Mittel drohenden Gefahren festzustellen sowie Menschen, Sachen und Gelände zu dekontaminieren. Jeder ABC-Zug besteht aus 1 Zugtrupp, 1 Erkundungsgruppe (2 Erkundungstruppfahrzeuge) und 2 Dekontaminationsgruppen (je 1 Lkw 1 t geschl., 1 Lkw 5 t, 1 TW 30). Die Entgiftungs- und Vorausentgiftungsfahrzeuge sind nicht mehr vorgesehen.

Entgiftungsfahrzeug (EF) und Vorausentgiftungsfahrzeug (VEF): Hierfür beschafft wurden Unimog S, deren Aufbau äußerlich dem TLF 8 glich. Besatzung 1 + 2 Mann. Mitgeführt wurden Strahlenmeß- und Schutzgeräte. Die noch vorhandenen Wagen werden inzwischen als Zugtrupp- oder als Erkundungstruppfahrzeuge verwendet.

Tankwasserwagen TW 30: Der TW 30 ist ein handelsüblicher offener Lkw, auf dessen Ladefläche Wasserbehälter mit einem Gesamtinhalt von 3000 Liter verlastet sind. Das Wasser ist für Entgiftungszwecke sowie zur Versorgung mit Lösch- und Trinkwasser vorgesehen. Die Besatzung des TW 30 besteht aus 2 Mann.

ABC-Erkundungstruppfahrzeug: Seit der Neugliederung des Katastrophenschutzes werden jeder Erkundungsgruppe des ABC-Zuges 2 ABC-Erkundungstruppfahrzeuge zugewiesen. Bei Neubeschaffungen handelt es sich um orangefarben lackierte VW 181 für 1 + 3 Mann Besatzung.

Die Fahrzeuge des Fernmeldedienstes

Der LS-Fernmeldedienst hatte die Aufgabe, Meldungen über die Schadenslage einerseits und Einsatzbefehle andererseits zwischen der Einsatzführung und den eingesetzten Fachdiensten zu übermitteln. Der LS-Fernmeldezug (LS-FMZ) bestand aus der Zugführung, 2 Fernsprechgruppen (je 1 Fekw) und 1 UKW-Funkgruppe (1 Fukw).

Seit 1973 sieht der Fernmeldedienst im Katastrophenschutz (KatS) den Fernmeldezug (FMZ) vor. Er hat zusätzlich notwendige Fernmeldeverbindungen herzustellen und ausgefallene Fernmeldeeinrichtungen des KatS zu ersetzen. Jeder Fernmeldezug besteht aus 1 Zugtrupp (1 Zugtruppkraftwagen, 1 Geräte-Betriebskraftwagen GBkw 1,5 t), 2 Fernsprechtrupps (je 1 Fekw) und 2 Funktrupps (je 1 Fukw).

Fernsprechkraftwagen (Fekw): Es handelt sich um das gleiche Borgward-Modell, das auch der Bundesgrenzschutz und die Bereitschaftspolizei besitzt. Besatzung 1 + 6 Mann. Im rückwärtigen Geräteraum ist Material für den Feldkabelbau untergebracht. Hinter der vorderen Sitzbank befinden sich 12 drehbar gelagerte Fernsprechkabeltrommeln. Das Segeltuchverdeck des Aufbaus kann abgenommen werden.

Funkkraftwagen (Fukw): Dieser Borgward mit Kofferaufbau entspricht wiederum dem gleichen Wagen des Bundesgrenzschutzes. Besatzung 1 + 5 Mann. Im Kofferaufbau befinden sich ein Funktisch mit zwei Sprechfunkgeräten und eine Vermittlung. Am Heck sind 2 Teleskopantennen angebracht. Fukw und Fekw führen weder Blaulicht noch Einsatzhorn.

Funkkommandowagen (Fukow) älterer Art: Auto Union/DKW Geländewagen Munga F 91/4 (44 PS 980 ccm Dreizylinder-Zweitaktmotor, Gesamtgewicht 1620 kg).

Funkkommandowagen (Fukow) neuerer Art: Auto Union/DKW Geländewagen Munga F 91/8 (44 PS 980 ccm Dreizylinder-Zweitaktmotor, Fahrzeuggewicht 1315 kg, Gesamtgewicht 1885 kg).

Zugtruppwagen (ältere Ausführung bis 1967): VW Kombi Typ 23 zum wahlweisen Transport von Personen (1 + 7 Mann) oder von Gerät.

Zugtruppwagen (neuere Ausführung ab 1967): VW Kombi Typ 23 zum wahlweisen Transport von Personen (1 + 7 Mann) oder von Gerät. Fahrzeuggewicht 1425 kg, Gesamtgewicht 2260 kg.

Vorauslöschfahrzeug (VLF) der früheren Feuerwehr-Bereitschaften des Luftschutzhilfsdienstes: Mercedes-Benz Unimog S 404.01 (2,2 Liter 82 PS Sechszylinder-Benzinmotor, Gesamtgewicht 5000 kg). Nachdem für diese Fahrzeuge im Zuge der Neuorganisation des Katastrophenschutzes keine Verwendung mehr beseht, wurden sie zu Hilfsrüstwagen (HRW) umgerüstet. Bis Ende 1975 ist dies bei allen 354 Wagen, die zum Umbau ausgewählt waren, durchgeführt worden.

Tanklöschfahrzeug TLF 8: Mercedes-Benz Unimog S 404.01 (2,2 Liter 82 PS Sechszylinder-Benzinmotor, Gesamtgewicht 5000 kg). Diese Fahrzeuge der früheren Feuerwehr-Bereitschaften des Luftschutzhilfsdienstes stellte der Bund nach der Neugliederung des Katastrophenschutzes den kommunalen Feuerwehren als Verstärkung zur Verfügung.

Tanklöschfahrzeug TLF 16: Magirus-Deutz Mercur 125 A (Luftgekühlter 125 PS Sechszylinder Deutz Dieselmotor, Gesamtgewicht 10000 kg).

Löschfahrzeug LF 16-TS: Magirus-Deutz Mercur 125 A.

Schlauchkraftwagen (SKW): Magirus-Deutz Mercur 125 A. Serienfertigung ab 1957.

Mannschaftskraftwagen (MKW) des Technischen Hilfswerks: Hanomag A–L 28 (70 PS 2,8 Liter Vierzylinder-Dieselmotor, Fahrzeuggewicht 3770 kg, Gesamtgewicht 5500 kg).

Mannschaftskraftwagen (MKW) des Technischen Hilfswerks: Borgward B 522 A–O (80 PS 2,4 Liter Sechszylinder-Benzinmotor, Gesamtgewicht 5200 kg).

Geräte- und Baukraftwagen (GBKW) des Technischen Hilfswerks: Hanomag Kurier II (Fahrzeuggewicht 3255 kg, Gesamtgewicht 4255 kg).

Bergungsschnelltruppwagen (BSW) des früheren Bergungsdienstes des Luftschutzhilfsdienstes: Mercedes-Benz Unimog-S 404.01 (85 PS 2,2 Liter Sechszylinder - Benzinmotor, Gesamtgewicht 4750 kg). Diese Fahrzeuge befinden sich noch beim Technischen Hilfswerk und werden hauptsächlich als Zugtruppwagen aufgebraucht.

Gerätekraftwagen (GKW) des Technischen Hilfswerks: Borgward B 4500 A (95 PS 5 Liter Sechszylinder-Dieselmotor, Gesamtgewicht 8800 kg).

Gerätekraftwagen (GKW) des Technischen Hilfswerks: Borgward B 555 A (110 PS 5 Liter Sechszylinder-Dieselmotor, Gesamtgewicht 8800 kg).

Gerätekraftwagen (GKW) des Technischen Hilfswerks: Magirus-Deutz Mercur 120 AL bzw. FM 120 D 10 AL (Luftgekühlter 120 PS 7,4 Liter Sechszylinder Deutz Dieselmotor, Fahrzeuggewicht 6100 kg, Gesamtgewicht 10 000 kg) mit Aufbau der Firma Linke-Hoffmann-Busch.

Gerätekraftwagen (GKW 72) des Technischen Hilfswerks: Mercedes-Benz Typ LA 1113 B (130 PS 5,6 Liter Sechszylinder-Dieselmotor, Fahrzeuggewicht 9450 kg, Gesamtgewicht 10 500 kg) mit Aufbau der Firma Büssing & Sohn.

Magirus-Deutz M 170 D 11 FA 4x4 (176 PS, 11 t Gesamtgewicht, Allrad-Antrieb) als Prototyp des neuen Gerätekraftwagens (GKW) für das Technische Hilfswerk. 1976 bestellte das Bundesamt für Zivilschutz 50 Trägerfahrzeuge, also Fahrgestelle samt Mannschaftsfahrerhaus für 1 + 6 Mann. Der Aufbau und die umfangreiche Geräteausrüstung werden später in einem gesonderten Auftrag vergeben. Den Aufbau des abgebildeten Prototyps fertigte die Firma Thiele (Bremen).

Sattelzugmaschine (zgm) des Technischen Hilfswerks: MAN Typ 630 L 2 A (Fahrzeuggewicht 6750 kg, Gesamtgewicht 13000 kg) mit Blumhardt Sattelaufleger (Fahrzeuggewicht 4150 kg, Gesamtgewicht 13750 kg).

Lastkraftwagen mit Vorbau-Seilwinde des Technischen Hilfswerks: Magirus-Deutz FM 178 D 15 A 6x6 (Fahrzeuggewicht 8400 kg, Gesamtgewicht 15150 kg).

Lastkraftwagen (Lkw) des Technischen Hilfswerks: Offener Kasten mit Plane und Spriegel zum wahlweisen Transport von Gütern oder 16 Personen (auf der Ladefläche). Mercedes-Benz Typ 1113 B MA (Fahrzeuggewicht 5400 kg, Gesamtgewicht 9500 kg).

Kipper-Lastkraftwagen (Lkw-Kipper) des Technischen Hilfswerks: Offener Kasten zum Transport von Gütern, hauptsächlich Schüttgütern. Mercedes-Benz Typ LAK 1113 B mit Meiller-Kippvorrichtung (Fahrzeuggewicht 6265 kg, Gesamtgewicht 11 000 kg).

Flutlichtwagen des Katastrophenschutzes Nordrhein-Westfalen: Ford Transit mit Kuli-Luxomobil Typ ALSF 920.

Gabelstapler-Mehrzweckgerät des Technischen Hilfswerks Bayern: Kramer Typ KS 510 (Fahrzeuggewicht 4900 kg, Gesamtgewicht 5700 kg).

Schaufellader DA 4 des Technischen Hilfswerks Bayern: Ahlmann Typ A 50 (Fahrzeuggewicht 8600 kg, Gesamtgewicht 8800 kg).

ABC-Erkundungstruppfahrzeug des ABC-Dienstes im Katastrophenschutz: VW 181 (Luftgekühlter 48 PS 1,6 Liter Vierzylinder Boxermotor).

Entgiftungsfahrzeug (EF) des ABC-Dienstes im Katastrophenschutz: Mercedes-Benz Unimog S 404.01 (80 PS 2,2 Liter Sechszylinder-Benzinmotor, Gesamtgewicht 5000 kg).

Tankwasserwagen (TW 30) des ABC-Dienstes im Katastrophenschutz: Magirus-Deutz Mercur 125 A (Luftgekühlter 125 PS 7,4 Liter Sechszylinder Deutz Dieselmotor, Gesamtgewicht 10 000 kg).

Fernsprechkraftwagen (Fekw) des Fernmeldedienstes im Katastrophenschutz: Borgward B 522 A-O (80 PS 2,4 Liter Sechszylinder-Benzinmotor, Gesamtgewicht 3800 kg).

Funkkraftwagen (Fukw) des Fernmeldedienstes im Katastrophenschutz: Borgward B 522 A-O (80 PS 2,4 Liter Sechszylinder-Benzinmotor, Gesamtgewicht 4700 kg).

Funkkraftwagen (Fukw) des Fernmeldedienstes im Katastrophenschutz: Rheinstahl-Hanomag A-L 28 (70 PS 1,8 Liter Vierzylinder-Dieselmotor, Fahrzeuggewicht 4100 kg, Gesamtgewicht 4900 kg).

Krankenkraftwagen (Krkw) des Sanitätsdienstes im Katastrophenschutz: Ford FK 1250 (55 PS 1,5 Liter Vierzylinder Benzinmotor, Gesamtgewicht 2400 kg).

Krankenkraftwagen (Krkw) des Sanitätsdienstes im Katastrophenschutz: Ford Transit FT 130 (65 PS 1,7 Liter Vierzylinder Benzinmotor, Gesamtgewicht 2600 kg). Nachfolger des oben abgebildeten Krkw.

Großkrankenkraftwagen (Grkrkw) des Sanitätsdienstes im Katastrophenschutz: Ford FK 3500 LCCA-S1 (Baujahr 1958/59, 100 PS 3,9 Liter V8-Benzinmotor, Gesamtgewicht 7000 kg) mit Koffer-Aufbau der Firma Glas (Dingolfing) und Binz-Tragegestellen.

Großkrankenkraftwagen (Grkrkw) des Sanitätsdienstes im Katastrophenschutz: Mercedes-Benz Typ LA 710 KR (100 PS 5,6 Liter Sechszylinder-Dieselmotor, Gesamtgewicht 7600 kg) mit Koffer-Aufbau der Firma Glas (Dingolfing) und Binz-Tragegestellen.

Sanitätsautomobile und Krankenwagen vorgestern, gestern und heute

Schon zu Beginn unseres Jahrhunderts begannen die Rettungsorganisationen des Deutschen Reichs die damals noch so neuartigen Automobile als rasche Beförderungsmittel für Kranke und Verletzte in Betracht zu ziehen. Die Bedenken gegen eine Verwendung des Motorwagens im Sanitätsdienst bestanden hier ähnlich wie beim Feuerwehrbetrieb, wenn sie auch längst nicht mit solcher Schärfe und Erbitterung wie dort vorgebracht wurden. Ein Grund für die Zurückhaltung war die anfangs noch unzureichende Zuverlässigkeit der Motoren. Zudem befürchtete man von den ungewohnten Geräuschen des Automobils einen schädlichen Einfluß auf den Kranken. Die Fahrzeugerschütterungen hingegen dürften bei den geringen Geschwindigkeiten nicht stärker als bei den pferdegezogenen Krankenwagen gewesen sein. Recht eigenartig mutet uns heute die Auffassung eines Dr. Georg Meyer an, der als Fachmann des Sanitätswesens um 1910 schrieb: »Gummibelag der Räder ist überflüssig und sehr kostspielig. Es wird ein mit Gummirädern versehener Wagen wie ein Ball emporgeworfen, die Erschütterung dem im Wagen Befindlichen aber immer noch in erheblichem Maße mitgetheilt.« Lediglich zur Geräuschminderung waren Gummiräder seiner Meinung nach von Nutzen.

An welchem genauen Datum und mit welchem Fahrzeugtyp die Motorisierung des Sanitätswesens begann, ist, anders als in der Geschichte der Feuerwehr, nicht mehr eindeutig zu ermitteln. Im Jahr 1905 soll das erste Sanitätsautomobil in Dienst gestellt worden sein. Ein erstes Motorfahrzeug wurde 1906 von der Freiwilligen Sanitäts-Kolonne in München angeschafft. In einer amtlichen Zulassungsstatistik des Jahres 1907 ist ein Samariterwagen aufgeführt, welcher von der Automobilfabrik Otto Beckmann & Co. in Breslau für die Breslauer Berufsfeuerwehr gebaut worden war. Ob es sich hier schon um einen Krankenwagen im eigentlichen Sinn handelte, ist nicht überliefert. Spätestens ab 1909 entstanden dann verschiedene Sanitätsautomobile, die äußerlich den seinerzeit beliebten Landauer Pferdekutschwagen glichen.

Sehr wesentlich haben die deutschen Feuerwehren dazu beigetragen, den Sanitätsdienst zu motorisieren, war doch das Rettungs- und Krankentransportwesen in den meisten Großstädten schon damals den Berufsfeuerwehren angegliedert. Die Erfahrungen mit motorisierten Löschfahrzeugen kamen somit dem Betrieb der Sanitätsautomobile unmittelbar zugute. Auch hier bevorzugte man zunächst den elektrischen Antrieb, bis schließlich der Benzinmotor soweit vollkommnet war, daß seine Überlegenheit bald außer Frage stand.

Die Anzahl der motorisierten Krankenwagen blieb indessen noch gering. 1914 wurden bei einer Umfrage unter 53 Städten mit über 80000 Einwohnern lediglich 54 Kraftfahrzeuge für den Sanitätsdienst ermittelt. Und die preußische Heeresverwaltung verfügte im gleichen Jahr nur über 7 Krankenwagen. Deren Zahl stieg freilich im Laufe des ersten Weltkriegs ganz beträchtlich an: Bei Kriegsende war ein Bestand von 3124 Stück vorhanden.

Auch der zivile Bedarf an Krankenkraftwagen führte nach 1918 zu einer beträchtlichen Nachfrage. Ein zeitgenössischer Bericht vermittelt einen Eindruck von der nun einsetzenden Entwicklung: »...In der Konstruktion von Krankenautos werden unausgesetzt neue Fortschritte gemacht, da sich fast alle größeren Firmen mit ihrem Bau beschäftigen und die Nachfrage gegenwärtig recht stark ist. Ein neues Krankenauto der Adlerwerke in Frankfurt zeigt eine gewisse Bequemlichkeit in Gestalt der seitlich zu öffnenden Wände, die den ganzen Innenraum freilegen und das Einsetzen und Herausholen der Bahren oder Betten wesentlich erleichtern. Übrigens ist die Ausführung der deutschen Sanitätsautomobile so buntscheckig, wie das Gesamtbild der europäischen Automobilindustrie, die vor lauter Wettbewerb, lauter kleinen Fortschritten, lauter Rücksichtnahme auf die Sonderwünsche und Sonderschrullen ihrer Abnehmer zu keinen bleibenden Formen und Konstruktionen, zu keiner großzügigen Serienherstellung, d. h. überhaupt auf keinen grünen Zweig kommt, sondern selbst in ihren wenigen großen Werken noch tief im handwerksmäßigen Betriebe drin steckt...«. – Rückblickend darf man feststellen, daß sich an der überwiegend handwerklichen Herstellungsart gar nicht so sehr viel geändert hat und daß von einer großzügigen Serienherstellung auch heute noch kaum die Rede sein kann.

Wie man den Aufbau gestalten solle, gingen die Ansichten weit auseinander. So meinte der Berliner Branddirektor Gemmp in einem 1928 gehaltenen Vortrag: »Was das Aussehen des Aufbaus anbelangt, so stehen sich zwei Auffassungen gegenüber. Die einen sagen, man dürfe den Wagen nicht auffällig machen, um ihm seinen Schrecken (!) zu nehmen. Andere sagen, er müsse auffallen, um ihn auf der Straße leicht zu erkennen, damit man ihm Platz macht. Die letztere Ansicht ist wohl die richtige. Neuerdings stattet man ja auch die Krankenwagen mit Signalinstrumenten aus, wie sie die Feuerwehr benutzt, um ihnen das Vorwärtskommen zu erleichtern.« Seine abschließende Feststellung »Leider haben die Signale aber infolge der schlechten Straßendisziplin nicht den gewünschten Erfolg« mag angesichts der zu jener Zeit verhältnismäßig geringen Verkehrsdichte überraschen. Der Hinweis freilich ist noch nach 50 Jahren aktuell. Krankenwagenfahrer von heute können ein Lied davon singen, welchen Behinderungen sie durch die im Massenverkehr oft unzureichende Signalwirkung ihrer Warnanlagen und überdies auch durch unaufmerksame Autofahrer zeitweise ausgesetzt sind.

Die Krankenwagen nahmen je nach Ausführung 1 Krankentrage, 2 Tragen übereinander oder auch bis zu 4 Tragen auf, wobei letzteres vor allem für Verlegungen von einem Krankenhaus in ein anderes oder bei Massenunfällen vorteilhaft sein konnte. Bereits in den zwanziger Jahren verwendete man gefederte Krankentragen, um die Härte der Fahrzeugfederung etwas auszugleichen. Aus dem gleichen Grund wurden die Tragen möglichst zwischen, nicht über den Achsen gelagert. Das Problem der bestmöglichen Federung ist leider auch heute noch nicht völlig befriedigend gelöst.

Auch die Normung von Krankenkraftwagen begann schon vor fast 50 Jahren. Der Fachnormenausschuß Krankenhauswesen brachte 1933 die beiden ersten Normblätter über Krankenkraftwagen für 2 und Krankenkraftwagen für 4 liegende Kranke heraus. Dort wurden bereits sehr genaue, mit Maßen und Gewichten versehene Festlegungen über den Krankenraum-Aufbau getroffen, der übrigens vom Fahrerraum durch ein Schiebefenster getrennt sein mußte. Vorgeschrieben waren Niederdruck-Luftreifen sowie ausreichende Beleuchtung, Lüftung und Heizung. Freilich kannte man noch längst keine so wirksamen Heizungsanlagen wie heute, weshalb der Fahrersitz so ausgeführt sein mußte, »daß große und beleibte Personen mit Winterkleidung ausreichend Platz haben und beim Schalten nicht behindert werden«. Fahrtrichtungszeiger waren so anzubringen, daß sie die Sicht des Fahrers nicht beeinträchtigten. Natürlich muß man solche Anforderungen am Stand der damaligen Kraftfahrzeugtechnik messen. Und Fahrkomfort war schon immer und blieb bis heute ein sehr relativer Begriff.

Die Einheitskrankenkraftwagen der Kriegszeit

Nachdem mit dem Gesetz über das Deutsche Rote Kreuz von 1937 das DRK zu einer einheitlichen Organisation umgewandelt worden war, wurde ihm Anfang 1938 durch einen Runderlaß des Reichsministers des Innern die »Wahrnehmung des gesundheitlichen Rettungsdienstes in allen seinen Teilgebieten« voll übertragen. Bei Kriegsbeginn wurde dem DRK auch der Sanitätsdienst der Luftschutzpolizei anvertraut. Durch den Erlaß über die Vereinheitlichung des Krankentransportes vom 30. November 1942 wurde dieser ausdrücklich nochmals für den gesamten Bereich des zivilen Gesundheitswesens einheitlich dem Deutschen Roten Kreuz zur Aufgabe gemacht.

Der von zahlreichen Herstellern unabhängig voneinander betriebene Bau von Krankenkraftwagen ließ trotz Anwendung der bereits vorhandenen Normen keinen Austausch von wichtigen Zubehörteilen und Innenausstattungen zu, und überdies war die Ausbildung des Personals erschwert. Das DRK entwickelte deshalb in Zusammenarbeit mit der einschlägigen Industrie vier Typen von DRK-Einheitskrankenkraftwagen. Es handelte sich um zwei Ausführungen als Eintragenwagen sowie um je ein Fahrzeug mit 3 und mit 4 Krankentragen.

Die Krankenkraftwagen zur Aufnahme von 1 Trage waren Fahrzeuge der Typen Mercedes-Benz 170 V und DKW F 8. Eine Trennwand zwischen Fahrer- und Krankenraum gab es hier aus Platzgründen nicht.

Die Krankenkraftwagen für 3 Tragen waren auf größeren Pkw-Fahrgestellen verschiedener Hersteller aufgebaut. Zwei Krankentragen fanden sich auf der linken Seite übereinander angeordnet, während die dritte Trage nur bei Bedarf an der rechten Seitenwand angebracht wurde. Andernfalls konnten sitzfähige Patienten auf einem Armlehnensessel oder nach dessen Herausnahme auf einer Dreier-Sitzbank Platz nehmen. Der Krankenraum war von der Fahrerkabine durch eine Querwand mit Schiebefenster getrennt.

Für den Krankenkraftwagen mit 4 Tragen wurden 1,5 t-Fahrgestelle der Marken Opel und Mercedes-Benz verwendet. Je 2 Tragen waren links und rechts im Wagen übereinander gelagert. Statt der 4 Tragen konnten 2 Sitzbänke für insgesamt 7 Personen heruntergeklappt werden.

Einzelradaufhängungen oder Schwingachsen bei den Personenwagen-, beonders lange Halbelliptikfedern bei den Lieferwagen-Fahrgestellen boten einen für damalige Verhältnisse recht ordentlichen Fahrkomfort.

Außer den vier Typen von Einheits-Krankenkraftwagen betrieb das Deutsche Rote Kreuz an die 200 DRK-Bereitschaftswagen. Diese Großeinsatzwagen konnten entweder 12 Krankentragen aufnehmen oder 32 Personen sitzend befördern. Aber die Bereitschaftswagen wurden keineswegs nur zu Transportzwecken, sondern auch als mobile Unfallhilfsstellen und vereinzelt sogar als Not-Operationsraum eingesetzt. Den omnibusartigen, 9,30 Meter langen Aufbau für die MAN 4 t-Fahrgestelle fertigte ausnahmslos die Karosseriefabrik Miesen.

Krankentransport und Rettungswesen 1945 bis 1966

Die Organisation des öffentlichen Krankentransportes und Rettungswesens nach dem zweiten Weltkrieg wurde durch die jeweiligen Besatzungsmächte bestimmt. Die britische Militärregierung übertrug in ihrer Zone den Unfallrettungs- und Krankentransportdienst nach englischem Vorbild den Gemeinden, welche sich als Träger des Brandschutzes zweckmäßigerweise wieder ihrer Feuerwehren bedienten. Die Zusammenfassung dieser Dienste hat sich bewährt, weil sie in personeller, organisatorischer und wirtschaftlicher Hinsicht Vorteile bringt. Seitdem wird der gesamte Unfallrettungs- und Krankentransportdienst in den Ländern Nordrhein-Westfalen, Hamburg und Bremen von den Feuerwehren ausgeführt. Niedersachsen und Schleswig-Holstein rückten später wieder von der Kontrollrats-Regelung ab, jedoch verblieb auch hier der Unfallrettungs- und Krankentransportdienst in den Großstädten bei der Berufsfeuerwehr. In der amerikanischen und in der französischen Besatzungszone wurden diese Dienste dagegen dem Deutschen Roten Kreuz übertragen, was ebenfalls durchaus zufriedenstellend funktioniert. In zahlreichen Großstädten wie München und Frankfurt, in denen das DRK den Rettungsdienst behielt, ist dennoch die Berufsfeuerwehr wesentlich daran mitbeteiligt. Das gilt vor allem für den Notarztwagen-Dienst, für dessen Organisation sich die

Feuerwehr infolge ihrer technischen und Fernmelde-Einrichtungen sowie ihrer personellen Voraussetzungen besonders eignet. Die freiwilligen Hilfsorganisationen Arbeiter-Samariter-Bund, Malteser-Hilfsdienst und Johanniter-Unfallhilfe sind entsprechend ihrer örtlich unterschiedlichen Leistungsfähigkeit am Rettungsdienst und an der Krankenbeförderung beteiligt.

Die ersten Krankenkraftwagen nach dem Kriege baute die Firma Lueg in Bochum. Sie verwendete dabei die Mercedes-Benz Typen 170 V, 170 D und 170 SD. Der Aufbau, der noch aus einem Holzgerippe mit Stahlblechbeplankung bestand, wurde wie bei den damaligen Kombiwagen ohne Dacherhöhung nach hinten verlängert. Lueg stellte die 1946 wieder aufgenommene Fertigung von Krankenkraftwagen im Jahre 1954 ein.

Ebenfalls im Jahre 1946 hatten auch die schon seit 1906 auf Krankenwagen spezialisierten Fahrzeug- und Karosseriewerke Christian Miesen in Bonn die Fertigung von Krankenwagen der Typen Mercedes-Benz 170 V, 170 D und 170 S sowie Opel Olympia wieder aufgenommen.

In den entbehrungsreichen ersten Nachkriegsjahren kam es zunächst darauf an, überhaupt wieder einen geordneten Krankenwagendienst in Gang zu bringen. Aber die Kostenfrage hatte oft noch entscheidende Bedeutung. Ein Mercedes-Benz 170 V Krankenwagen kostete immerhin 10000 bis 12000 DM, und das war damals sehr viel Geld. So kam es, daß sogar der hierfür an sich ungeeignete VW-Käfer zum Krankenwagen umfunktioniert wurde. Durch eine ausgeklügelte Dreh- und Kipp-Mechanik gelang es tatsächlich, eine Krankentrage in diesem Auto unterzubringen. Solange man die Trage nicht benötigte, wurde sie samt Zubehör in der Dachgalerie verstaut.

Um andererseits mehr Raum in den Krankenwagen zu gewinnen, besann man sich wieder der schon vor dem Krieg recht gebräuchlichen Fahrgestellverlängerungen. Von der Firma Clerck in Wuppertal, die sich schon früher viel mit der Verlängerung von Ford-Fahrgestellen befaßt hatte, ließ Miesen im Jahr 1950 den Radstand des damaligen Ford Taunus um 500 mm verlängern, um einen geräumigen und dennoch preisgünstigen Krankenwagen anbieten zu können. Die Firma Miesen war es auch, die 1953, als der Mercedes-Benz Typ 180 auf den Markt kam, als erster Hersteller von Krankenwagen zur Ganzstahlbauweise überging.

1955 nahm die Karosseriefabrik Binz & Co. in Lorch (Württemberg) ebenfalls die Fertigung von Krankenwagen auf, beginnend mit dem Mercedes-Benz Typ 180 und selbstverständlich von Anfang an in Ganzstahlbauweise. Auf Anregung des DRK-Kreisverbandes München erhöhte Binz bei diesem Wagen das Dach um 50 mm. Er hieß »Typ Bayern« und wurde bald sehr bekannt. Binz veranlaßte schließlich auch die Daimler-Benz AG., Fahrgestelle des Typs 190 D mit einem um 650 mm verlängertem Radstand zu liefern. Seit 1965 bietet das Stuttgarter Werk nun ständig für Sonderaufbauten Fahrgestelle geeigneter Typen mit langem Radstand an. Bei Krankenwagen wurde es dadurch möglich, den Betreuersitz am Kopfende der Krankentrage unterzubringen. Ebenso haben sich die Hochdächer immer mehr durchgesetzt, übrigens auch bei den Krankenwagen auf Transporter-Fahrgestellen (VW-Bus, Mercedes-Benz, Opel-Blitz, Ford Transit, Hanomag, wobei hier übrigens auch die seitliche Tür weit in das Dach hineingezogen wird.

Nur regionale Bedeutung haben die alteingesessenen Spezialfirmen Herrmann-Karosseriewerk in Hamburg und Karosseriefabrik Paul Stolle in Hannover. Beide Firmen, die schon früher Krankenwagen bauten, nahmen mit dem Mercedes-Benz Typ 180 die Fertigung für einen engeren Kundenkreis wieder auf. Die Produktion ist zahlenmäßig gering, die qualitative Ausführung jedoch hervorragend.

Während alle diese Karosseriefirmen auf Fremdfahrgestelle angewiesen sind, kann sich das Volkswagenwerk bei der Herstellung seiner Krankenwagen auf den VW-Transporter (Typ 2) stützen. Der VW-Krankenwagen wurde zum preiswertesten und meistverbreiteten Fahrzeug seiner Art. Die ungünstigen Ladeverhältnisse am Heck und der früher recht geräuschvolle, außerdem damals arg leistungsschwache Motor haben die Spitzenstellung des VW-Krankenwagens offensichtlich nicht zu beeinträchtigen vermocht.

Das benachbarte Clinomobil-Hospitalwerk in Hannover-Langenhagen führte am VW-Krankenwagen Dacherhöhungen bis zu 1750 mm Innenraumhöhe aus und lieferte die Fahrzeuge auch mit kompletten Sanitätseinrichtungen für Notfälle.

Die Vorschriften für Bau und Ausstattung von Krankenkraftwagen waren in der DIN 75080 enthalten, die erstmals nach dem Krieg im Juli 1955 gemeinsam vom Fachnormenausschuß Kraftfahrzeugindustrie und vom Arbeitsausschuß Krankenhauswesen im Deutschen Normenausschuß herausgegeben wurde und im August 1960 als Neuausgabe erschien. Nach dieser Norm waren Krankenkraftwagen als Sonderfahrzeuge definiert, die gleichermaßen für den Krankentransport und Rettungsdienst (dieser wurde erst an zweiter Stelle genannt!) bestimmt sind. Eingestuft wurden die Krankenwagen in Größe A mit 1 Trage, Größe B mit 2 Tragen übereinander, Größe C mit 2 Tragen nebeneinander und Größe D mit 4 Tragen.

Am meisten verlangt war der Krankenkraftwagen Größe C, weil er die Möglichkeit bot, nötigenfalls auch zwei Verletzte zugleich zu befödern. Von einer regelrechten Betreuung während der Fahrt konnte dann wegen der räumlichen Enge allerdings keine Rede mehr sein. Ohnehin war die Ausstattung mit Sanitätsmaterial sehr dürftig. Außer einem genormten Verbandkasten und einigen Kramerschienen für Knochenbrüche war erstaunlicherweise kaum etwas zur Erstversorgung von Unfallpatienten vorhanden. Vor allem fehlten die Geräte für Beatmung und Wiederbelebung.

Für die Krankenkraftwagen der Größen A und C kamen die Fahrgestelle aller Personenwagen der Mittelklasse in Betracht, während die Größen B und D von den Transporter- und leichten Lastwagen-Typen abgeleitet werden mußten. Letztere boten im Hinblick auf ihre harte Federung freilich nicht gerade die günstigsten Voraussetzungen.

Entwicklung der Sanitätsfahrzeuge seit 1967

Das Jahr 1967 brachte für die Konstruktion und Ausstattung von Krankenkraftwagen eine entscheidene Neuorientierung. Die Änderung der Norm DIN 75080 schuf die technischen Voraussetzungen für eine notwendig gewordene Reorganisation des Rettungsdienstes in der Bundesrepublik. Die aus ärztlicher Sicht gebotene Unterscheidung in Notfallpatienten und Nicht-Notfallpatienten mußte logischerweise auch zu unterschiedlichen Krankenwagen führen, nämlich dem Rettungswagen (RTW) und dem Krankentransportwagen (KTW). Hier wird der Wandel von der überholten Auffassung des schnellstmöglichen Transports zum Gebot der Erstversorgung am Unfallort und schonender Beförderung zur Endversorgung deutlich.

Der Obertitel der neugefaßten Norm heißt nach wie vor »Krankenkraftwagen«. Im Teil 1 sind die allgemeinen technischen Anforderungen zusammengestellt, die gleichermaßen an den RTW und den KTW gestellt werden. In den Teilen 2 und 3 sind die speziellen Anforderungen an die beiden Krankenwagentypen enthalten. Entsprechend einem durchschnittlichen Anteil der Notfallpatienten von 50 bis 60 % aller Beförderungsfälle wird von den Organisationen des Rettungsdienstes für die Zukunft ein Verhältnis von 60 % RTW zu 40 % KTW angestrebt. Dieses Ziel ist natürlich auch ein finanzielles Problem. Schließlich kostet ein Krankentransportwagen je nach Ausführung etwa 20000 bis 30000 DM, ein Rettungswagen aber 80000 bis 100000 DM.

Rettungswagen

Rettungswagen (RTW) im Sinne der Norm von 1967 sind zum Herstellen und Aufrechterhalten der Transportfähigkeit von Notfallpatienten vor und während der Beförderung bestimmt. Der Rettungswagen stellt eigentlich das Ideal des Krankenkraftwagens dar, weil der Notfallpatient in ihm transportfähig gemacht und während der Fahrt auch gehalten werden kann.

Selbstverständlich ermöglicht der RTW auch die Beförderung von Nicht-Notfallpatienten, während es umgekehrt nicht vorgesehen ist und ausgeschlossen sein sollte, daß Notfallpatienten im Krankentransportwagen (KTW) ins Krankenhaus gebracht werden.

Wichtigstes Merkmal des RTW: Er enthält nur eine Krankentrage, also nur einen Behandlungsplatz. Diese von der Beförderungskapazität her unwirtschaftliche Nutzung geht auf die medizinische Erkenntnis zurück, daß erstens vom Personal nur ein Notfallpatient zur gleichen Zeit betreut werden kann, und daß zweitens der Behandlungsplatz von allen vier Seiten (nicht wie bisher nur vom Kopfende) zugänglich sein muß.

Im Hinblick auf den großen Innenraum, der für die medizinischen Einrichtungen und die Zahl der mitfahrenden Personen notwendig ist, kommen für den Bau von RTW nur Kastenwagen mit einem zulässigen Gesamtgewicht von 3,5 bis 4,5 t in Betracht. Die wenigsten Wagen dieser Art verfügen jedoch über eine hinreichend komfortable Federung. Andererseits kann man für die wenigen RTW, die gebaut werden, keine speziellen Fahrgestelle mit Luft- oder hydropneumatischer Federung verlangen, denn dann würden die ohnehin schon teuren Fahrzeuge unbezahlbar werden. Deshalb verwendet man seit 1971 zunehmend Krankentragenbühnen mit Federungs- und Dämpfungselementen, so daß die Trage nicht mehr starr mit dem Fahrzeug verbunden und der Patient nicht mehr dessen Erschütterungen voll ausgesetzt ist.

Die Ladeöffnung an der Rückseite muß mindestens 1100 mm breit und 1200 mm hoch sein. An die Heizung und Lüftung des Innenraums werden besonders hohe Ansprüche gestellt. Die Außenluft muß in Dachhöhe angesaugt werden, um die Zuführung von Abgasen möglichst zu vermeiden. Die Ausrüstung mit Sanitätsgerät ist so umfangreich, daß sie sowohl dem ausgebildeten Rettungssanitäter als auch dem Arzt die Erstversorgung von Notfallpatienten erlaubt.

Krankentransportwagen

Krankentransportwagen (KTW) im Sinne der Norm von 1967 sind nur für die Beförderung von Nicht-Notfallpatienten bestimmt. Der KTW kann bis zu 4 Krankentragen mitführen. Sofern nur 1 Trage oder 2 Tragen nebeneinander vorgesehen werden, kann der KTW auf ein handelsübliches Pkw-Fahrgestell aufgebaut werden. Federungsprobleme gibt es in diesem Fall nicht. Bei Krankentransportwagen mit 2 übereinander angeordneten oder mit insgesamt 4 Tragen benötigt man einen Kastenwagen wie für den RTW. Und gleich sind damit natürlich auch die Schwierigkeiten, für den schonenden Transport der Patienten zu sorgen.

Notarztwagen

Notarztwagen (NAW) sind so ausgestattet, daß ein begleitender Arzt bei einem Verletzten oder Erkrankten alle lebenserhaltenden Sofortmaßnahmen durchführen kann. Schon 1938 erhob ein Dr. Kirschner die Forderung, daß nicht der Verletzte so schnell wie möglich zum Arzt, sondern im Gegenteil der Arzt unverzüglich zum Patienten gebracht werden müsse. Daher gab es in einigen deutschen Großstädten schon vor dem Kriege gute Ansätze für einen organisierten Notarztdienst. So nahm zum Beispiel bei der Meldung eines schweren Unglücks der Rettungswagen einer Kölner Feuerwache vom nahegelegenen Bürgerhospital stets einen diensttuenden Arzt zur Unfallstelle mit. Ähnliche Regelungen gibt es heute noch in mehreren Städten.

1957 wurde, wiederum in Köln, der erste deutsche Notarztwagen in Dienst genommen. Er entstand auf Initiative von Prof. Hoffmann in Zusammenarbeit mit dem Verkehrswissenschaftlichen Institut der Universität Köln und mit finanzieller Unterstützung des HUK-Verbandes und der Ford-Werke. Dieser auf einem Ford-Lkw aufgebaute Notarztwagen mit Sanitätseinrichtung von Miesen wurde zum Vorbild vieler NAW in der Bundesrepublik und in Westeuropa. Organisatorisch war er der Kölner Berufsfeuerwehr angegliedert, die Ärzte wurden von der Chirurgischen Klinik Köln-Merheim gestellt. Dabei wendete man erstmals das sogenannte Rendez-Vous-System an: Der Notarztwagen rückt von der nächstgelegenen Feuerwache zur Unfallstelle aus, während gleichzeitig ein Funkdienstwagen der Feuerwehr den Bereitschaftsarzt vom Krankenhaus zur Unfallstelle bringt. Anderwärts wird es jedoch meistens so gehandhabt, daß der Notarztwagen samt seiner Besatzung beim Unfall-Krankenhaus selbst stationiert ist und von dort aus zusammen mit dem Notarzt zur Unfallstelle fährt.

Der Einsatz eines Notarztwagens anstelle eines Rettungswagens ist immer dann angezeigt, wenn aus der Meldung hervorgeht, daß Vitalfunktionen (Herz, Kreislauf, Atmung) gestört oder Schädel-, Brust- sowie Bauchverletzungen eingetreten sind, Wirbelsäulenbrüche oder Verletzungen der Luftwege befürchtet werden müssen, ferner bei Notgeburten, Vergiftungen, Starkstromunfällen, Verbrennungen und Wasserunfällen (Ertrinken).

Der Notarztwagen ist sozusagen der verlängerte Arm der Klinik, nicht aber ein rollender Operationssaal. Ein solches »Klinomobil«, eingerichtet in einem Mercedes Omnibus mit Stromversorgungs-Anhänger, wurde 1957 auf Anregung von Prof. K. H. Bauer von der Heidelberger Universitätsklinik eingerichtet und einige Jahre lang betrieben. Der Einsatz einer mobilen Operationseinheit konnte sich aber schon deshalb nicht bewähren, weil das Fahrzeug zu groß und schwerfällig war. So blieb der Heidelberger Versuch ein Einzelfall, der allerdings für die Entwicklung der Notarztwagen gewisse Erfahrungen vermittelte. Ab 1964 ging auch Heidelberg auf einen kleinen Kastenwagen (Citroen HY 1500) über. Es hat sich eben in der Praxis der Unfallmedizin als ausreichend erwiesen, wenn neben der Wiederbelebung, Beatmung, Blutstillung und Schockbehandlung ärztliche Verrichtungen wie Intubationen, Injektionen und Infusionen durchgeführt werden können. Notamputationen sind selten, größere chirurgische Eingriffe kaum jemals nötig. Die endgültige operative Versorgung ist nicht schon am Unfallort erforderlich.

Der moderne Notarztwagendienst wurde in wenigen Jahren zu einer fürsorgerischen Einrichtung, die aus der Notfallmedizin nicht mehr wegzudenken ist. Nach heutiger Festlegung gilt als Notarztwagen ein der Norm entsprechender Rettungswagen, der ständig mit einem Arzt besetzt und dessen Ausstattung mit Diagnostikgeräten (z. B. EKG) ergänzt ist.

Infektions-Krankentransportwagen

Die Beförderung von Personen, die an einer ansteckenden Krankheit leiden oder im Verdacht stehen, sich infiziert zu haben (Kontaktpersonen), erfordert Krankentransportwagen mit besonderen, sehr aufwendigen Einrichtungen. Zwischen Fahrer- und Krankenraum sowie einem möglicherweise vorhandenen Arztraum müssen absolut gasdichte Trennwände eingebaut sein. Die Verbindung zwischen Patienten und Betreuer wird durch eine Wechselsprechanlage und gasdichte feste Fenster hergestellt. Sowohl die Frischluftzuführung zum Krankenraum als auch die Abluft müssen zwangsweise erfolgen, wobei die Zuluft nur über Feinstschwebstoff-Filter im Dach zugeführt wird, während die Abluft zwecks Entkeimung durch einen UV-Bestrahlungskanal und dann über eine Verbrennungsanlage geleitet wird, ehe man sie ins Freie entläßt. Die Verbrennungsanlage, die auch die Wagenheizung besorgt, ist eine gebläselose, indirekte Flächenheizung, bei der keine Aufwirbelung der Innenraumluft entsteht. Ferner muß eine völlige Desinfektion des Innenraumes möglich sein. Das bedingt eine fugenlose, glattflächige Innenverkleidung aus Desinfektionsmittel-beständigem Material sowie ungepolsterte Kunststoff-Schalensitze. Die Desinfektion kann entweder mechanisch-thermisch mittels Dampfstrahl oder mit chemischen Mitteln vorgenommen werden. Außer zur Beförderung von Patienten mit ansteckenden Krankheiten sind Infektions-Krankentransportwagen (ITW) auch zum Transport von radioaktiv kontaminierten Personen geeignet.

Großraum-Krankentransportwagen

Großraum-Krankentransportwagen (GKTW) sind Sanitätsfahrzeuge, welche mehr als vier liegende Patienten befördern können. Sie werden hauptsächlich für die Verlegung transport-

Zugelassene Krankenkraftwagen in der Bundesrepublik

(Aus: Statistik des Kraftfahrtbundesamtes)

1964	5549 Krankenkraftwagen
1965	6204 Krankenkraftwagen
1966	6581 Krankenkraftwagen
1967	6814 Krankenkraftwagen
1968	6968 Krankenkraftwagen
1969	7257 Krankenkraftwagen
1970	7553 Krankenkraftwagen
1971	7918 Krankenkraftwagen
1972	8449 Krankenkraftwagen
1973	9239 Krankenkraftwagen
1974	9421 Krankenkraftwagen

Bestand an Krankenkraftwagen bei den Feuerwehren der Bundesrepublik im Jahre 1974

Berufsfeuerwehren:	510 Krankentransportwagen
	205 Rettungswagen
	43 Notarztwagen
Freiwillige Feuerwehren:	467 Krankentransportwagen
	70 Rettungswagen
	24 Notarztwagen

Bestand an zivilen Krankenkraftwagen im Deutschen Reich 1942

Deutsches Rotes Kreuz	2126 Fahrzeuge
Gemeinden	789 Fahrzeuge
Industrie	566 Fahrzeuge
Feuerwehren	356 Fahrzeuge
Krankenhäuser	218 Fahrzeuge
Privatunternehmer	132 Fahrzeuge
Verschiedene Organisationen	172 Fahrzeuge
	4359 Fahrzeuge

Träger des Rettungsdienstes in der Bundesrepublik

Amtliche Organisationen

Berufsfeuerwehren	25 %
Werkssanitäter und amtlich beauftragte Privatunternehmer	8 %

Freiwillige Organisationen

Deutsches Rotes Kreuz e. V.	60 %
Arbeiter-Samariter-Bund e. V.	4 %
Malteser-Hilfsdienst e. V.	2 %
Johanniter-Unfall-Hilfe e. V.	1 %

fähiger Kranker (also Nicht-Notfallpatienten) von Krankenhaus zu Krankenhaus benötigt. Bei Großunfällen wie Eisenbahn- oder Flugzeugunglücken benutzt man Großraum-Krankentransportwagen als ärztliche Durchgangsstation für leichtverletzte Personen.

Wegen ihres Raumbedarfs werden GKTW meistens von Omnibussen abgeleitet, wobei sich im Hinblick auf den niedrigeren Einstieg und Wagenboden Stadtlinienbusse am besten eignen. Normalerweise können nach Wegnahme der Bestuhlung 12 bis 14 Krankentragen in zwei Reihen über- und nebeneinander untergebracht werden. Durch aufsteckbares Gestänge lassen sich ohne größere Veränderungen im Wagen die Tragen nötigenfalls auf den vorhandenen Sitzbänken lagern. Bei solcher Einrichtung kann der Bus auch für sitzfähige Patienten oder zu normalen Beförderungsfahrten eingesetzt werden. Hydraulisch betätigte Aufzugsplattformen, den Ladebordwänden ähnlich, am voll zu öffnenden Heck erleichtern dem Sanitätspersonal das schonende Ein- und Ausladen der Krankentragen. Wegen des notwendigen Umbaus am Heck kommt hauptsächlich ein Bus mit Unterflur- oder tiefgelegtem Heckmotor in Betracht. Da moderne Omnibusse bereits serienmäßig mit lastabhängiger Luftfederung versehen sind, ist für hinreichenden Fahrkomfort gesorgt.

Die Farben der Krankenkraftwagen

In den Normblättern von 1931 und 1933 war noch keine bestimmte Farbe für die Außenlackierung der Krankenwagen festgelegt. Lediglich für das Dach hatte man bereits die weiße Farbe vorgesehen, um die Hitzeeinwirkung bei Sonne zu verringern. Die meisten Krankenwagen waren zur damaligen Zeit unauffällig grau lackiert.

Erst in der Norm von 1967 wurde die Farbe der Außenlackierung vorgeschrieben: Elfenbein (RAL 1014) für den Aufbau und schwarz (RAL 9005) für die Felgen. Das hinderte freilich viele Organisationen nicht daran, ihre Krankenwagen in weiß, sogar in unauffälligem grau oder in

Preise der Sanitätsfahrzeuge

(Stand 1976)

Krankentransportwagen (KTW)	ca. DM 25 000 – 45 000,–
Rettungswagen (RTW)	ca. DM 60 000 – 80 000,–
Notarztwagen (NAW)	ca. DM 100 000 – 120 000,–
Infektions-KTW	ca. DM 100 000,–
Großraum-KTW	ca. DM 250 000,–

anderen Farben zu lackieren. Die Feuerwehren blieben größtenteils bei ihrer Traditionsfarbe rot (RAL 3000) und gingen ab 1969 mit dem Aufkommen der fluoreszierenden Tagesleuchtfarben zunehmend auf leuchtrot (RAL 3024) über. Dem trägt der 1974 herausgegebene Neuentwurf von DIN 75080 Rechnung. Er erlaubt es den Bedarfsträgern, anstelle des Elfenbein auch eine andere, in der jeweiligen Organisation übliche Farbe zu verwenden. So lakkiert der Arbeiter-Samariter-Bund seine Krankenwagen in lindgrün. Das Deutsche Rote Kreuz versieht den elfenbein-farbenen Aufbau mit einem leuchtroten, rundherum in Dachhöhe verlaufenden Band, das bei Rettungswagen 200 mm und bei Krankentransportwagen 150 mm breit ist, um eine bessere Erkennbarkeit im Straßenverkehr zu erreichen.

Quellen-Hinweise

E. Hesse
»Das Krankenbeförderungswesen im Wandel der Zeiten«
J. A. Barth, München 1956

F. Steingruber
»Handbuch für den Krankentransport«
Verlagsanstalt Hüthig & Dreyer, Mainz und Heidelberg 1957

F. W. Ahnefeld
»Konstruktion und Ausrüstung moderner Notfallwagen«
Anästhesist 17/1968

R. Lick und Karl Seegerer
»Der Münchner Notdienstarzt«
J. F. Lehmann Verlag, München 1969

G. H. Engelhardt und V. Lent
»Das Kölner Notarztsystem«
Privatdruck

W. Brechmann
»Das Heidelberger Modell chirurgischer Erstversorgung am Unfallort«
Langenbecks Archiv klin. Chir. 325/1969

Th. Kunz
»Erfahrungen mit dem Frankfurter Notarztwagensystem«
Anästhesist 19/1970

H. Lick und H. Schläfer
»Unfallrettung – Medizin und Technik«
F. K. Schattauer Verlag, Stuttgart 1973

»Handbuch des Rettungswesens«
v. d. Linnepe Verlag, Hagen 1974

DIN FANOK 20: Krankenkraftwagen für 4 liegende Kranke
DIN FANOK 26: Krankenkraftwagen für 2 liegende Kranke

DIN 75080 Teil 1: Krankenkraftwagen (Begriffe, Technische Anforderungen)
DIN 75080 Teil 2: Rettungswagen
DIN 75080 Teil 3: Krankentransportwagen

Um 1910 herum waren noch weit überwiegend pferdebespannte Krankenwagen üblich. Es gab aber auch bereits die ersten motorisierten Krankentransportwagen, die äußerlich noch den Pferdekutschen sehr ähnlich sahen. Unser Bild aus dem Archiv der Kölner Feuerwehr zeigt einen elektromobilen Krankentransportwagen.

1910 gab es aber ebenfalls schon benzinautomobile Krankentransportwagen. Abgebildet ist ein 10/18 PS SAG-Krankenwagen. SAG war die Süddeutsche Automobilfabrik GmbH. in Gaggenau, dem heutigen Werk Gaggenau der Daimler-Benz AG. Der Wagen hatte einen 2,6 Liter-Motor, Kardan-Hinterachse, Radstand 2740 mm, Höchstgeschwindigkeit 45 km/h.

Benz-Gaggenau-Krankenwagen auf 8/18 oder 8/20 PS Benz Personenwagen-Fahrgestell.

Heute mutet es einen geradezu unheimlich an, daß so vielleicht einer der ersten Großkrankenwagen aussah. Diesen Zug lieferte die Straßeneisenbahn-Gesellschaft Hamburg, die heutige Hamburger Hochbahn AG. Welchen Bestimmungszweck der vollgummibereifte Lastzug mit fensterlosem Holzaufbau hatte, ist dem Verfasser unbekannt.

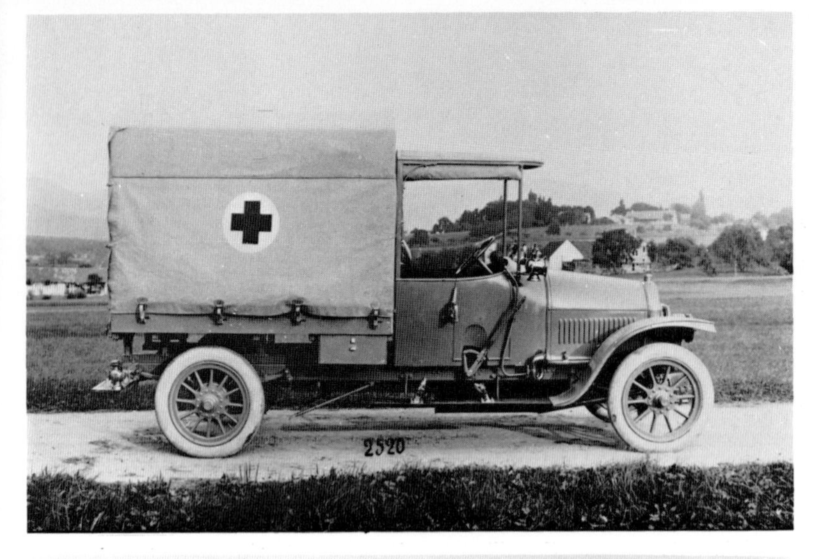

Fast von einem Tag auf den anderen wurde die Motorisierung des Krankentransports zur Selbstverständlichkeit: Die enormen Verluste des ersten Weltkriegs erzwangen sie. Dringender Bedarf und Materialmangel geboten allerdings eine möglichst einfache Ausführung der Fahrzeuge. Im Bild ein Benz-Gaggenau Heeres-Sanka mit 6 Bahren. Baujahr 1914.

Benz-Gaggenau Sanitätswagen des Heeres für 8 Bahren. Baujahr 1914/15. Höchstgeschwindigkeit 33 km/h.

Benz-Gaggenau Krankenwagen für 2 Bahren und 1 Sitzbank. 1 bis 1,5 to Lastwagen-Fahrgestell. 36 PS 4,4 Liter Vierzylindermotor. Radstand 3360 mm. Fußbremse auf Getriebe, Handbremse auf Hinterräder. Baujahr 1914.

Ein Mercedes (Daimler) mit werkseigener Krankenwagenkarosserie. Die scharfkantige Stahlschiene vorn am Wagen hatte den Zweck, über den Weg gespannte Drähte zu zerschneiden oder abzuweisen. Franctireure (heute sagt man Partisanen) bereiteten zuweilen solche gefährlichen Hindernisse.

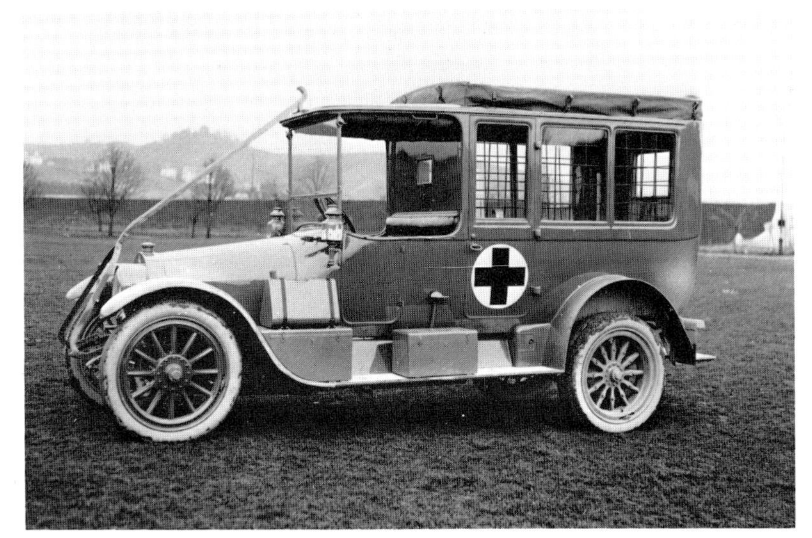

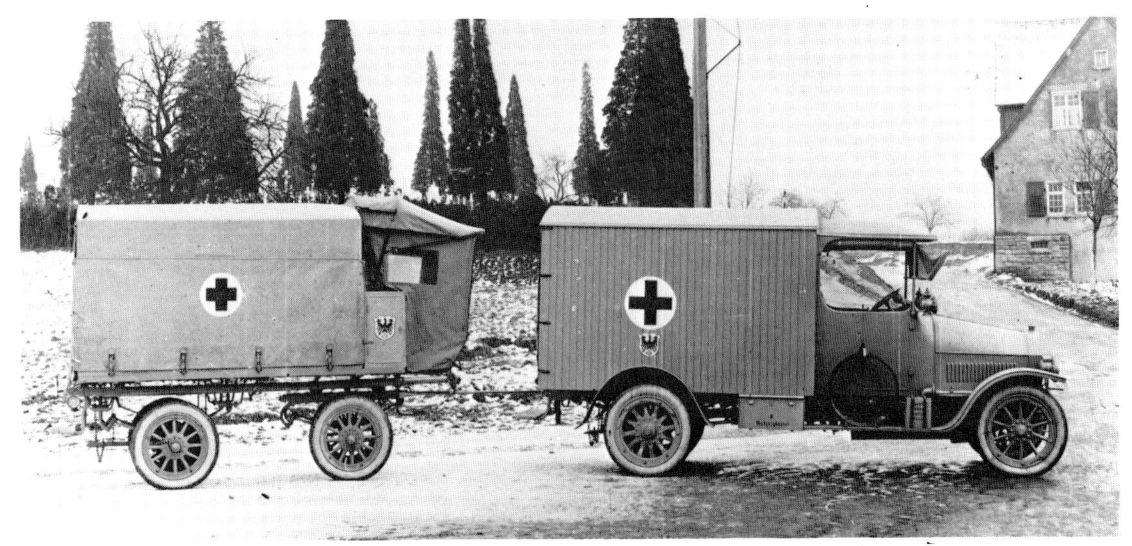

Benz-Gaggenau Sanitätswagen für 8 Bahren mit Anhänger für Geräte und Sanitätsmaterial. Baujahr 1914.

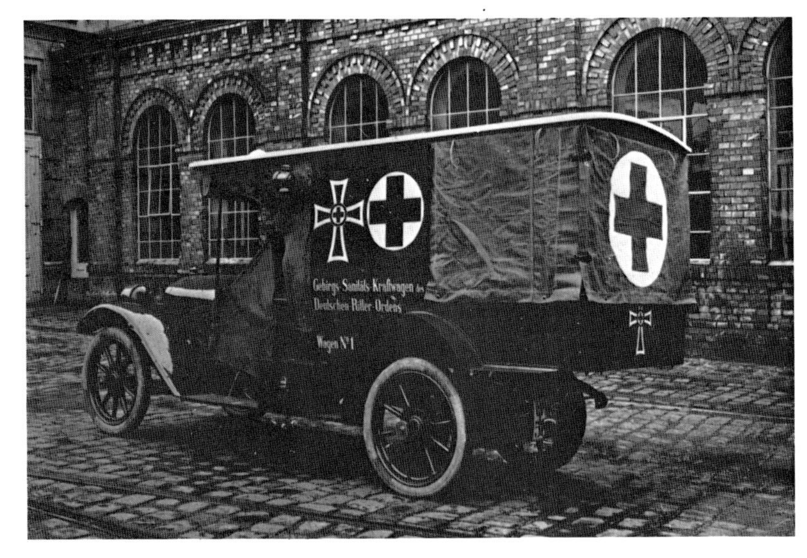

Praga Mignon (30 PS 2,3 Liter Vierzylindermotor) als Krankenwagen. Baujahr etwa 1915. Aufschrift: Gebirgs-Sanitäts-Kraftwagen des Deutschen Ritter-Ordens.

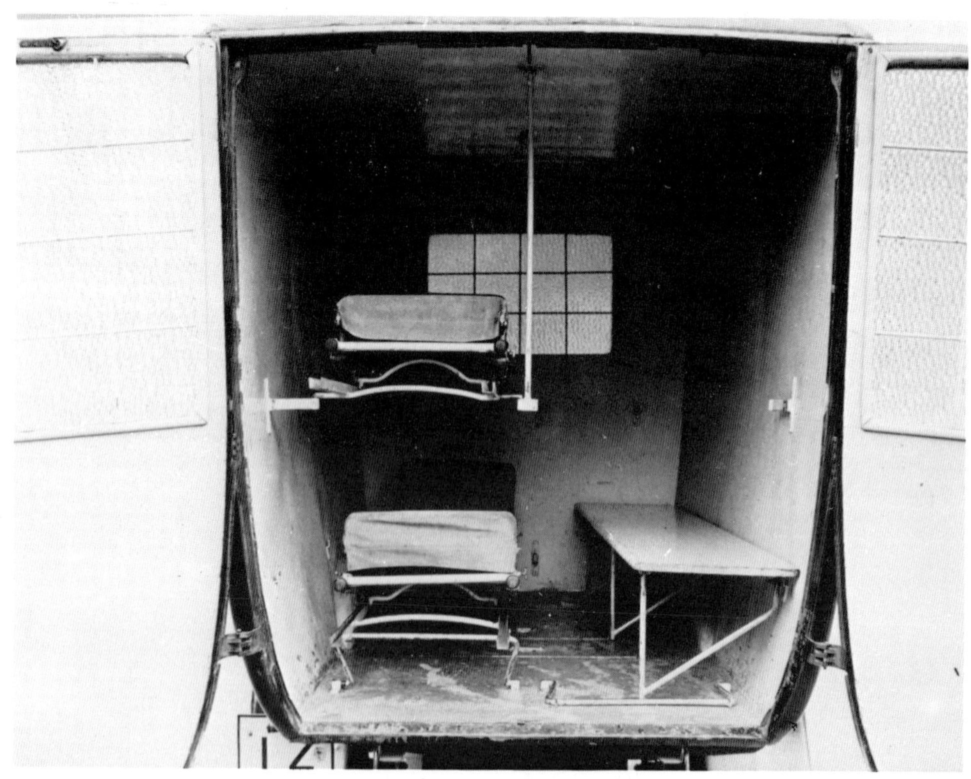

22/35 PS Daimler 1919 als Desinfektionswagen der Branddirektion Düsseldorf. Dieses Spezialfahrzeug diente dazu, zu desinfizierende Gegenstände zur Desinfektionsanstalt und wieder zurück zu schaffen. Im ringsum geschlossenen Fahrerraum haben außer dem Fahrer 3 bis 4 Mann Platz. Der Wagenkasten ist innen vollständig mit Zinkblech ausgeschlagen. Zugang besteht von hinten durch eine mit Fenstern versehene Doppelflügeltüre. Innen befindet sich normalerweise an beiden Seitenwänden eine einfache Sitzbank, doch lassen sich auch 2 Tragbahren anbringen, falls Infektionskranke liegend befördert werden sollen. Der Wagen besaß ursprünglich Vollgummi-Elastikräder und wurde erst später auf Luftbereifung umgestellt.

12/32 PS Daimler Krankenwagen der Branddirektion Düsseldorf. Aluminium-Karosserie der Firma Köther, Düsseldorf.

30/35 PS Benz Typ 1 CN Baujahr 1922/23 als Krankenwagen der Berufsfeuerwehr Stuttgart.

17/50 PS Dux Krankenwagen 1925 des Magistrats Cottbus.

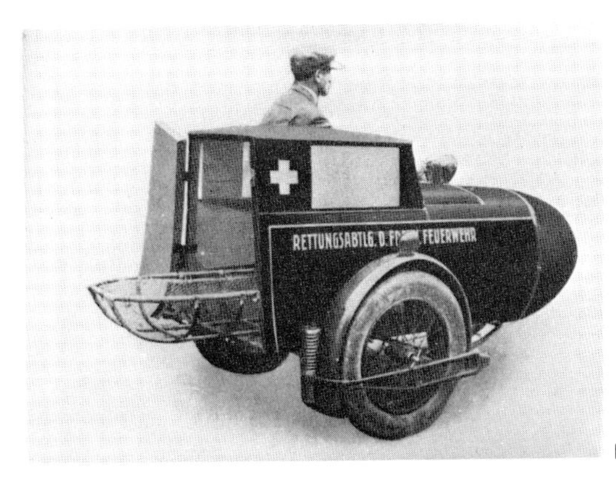

Motorrad-Rettungswagen der Feuerwehr Graz (1927).

→

Opel Krankenwagen 1922 mit Aufbau der Karosserie- und Wagenfabrik Schaumberger & Hempel, Chemnitz-Kappel.

←

10/30 PS Protos Typ Cl Krankenwagen der Berufsfeuerwehr Düsseldorf. Baujahr etwa 1925.

Opel Krankenwagen 1924 mit Aufbau der Karosseriefabrik F. W. Hahn, Hannover.

↓

→

Opel Krankenwagen 1926 mit Aufbau der Waggonfabrik Gebr. Gastell, Mainz-Mombach.

10/30 PS Protos Krankenwagen 1923 mit seitlicher Bahreneinführung, ausgeführt von der Fahrzeugfabrik E. Vogt, Gelsenkirchen. Der erste Krankenwagen mit seitlicher Bahreneinführung war wohl ein 1919 vorgestellter 10/25 PS Adler. Die Bauart beruhte auf Fronterfahrungen mit Sanitätskraftwagen des Heeres, vermochte sich aber auf die Dauer nicht durchzusetzen.

Bade-Automobil auf Vomag Kardan-Fahrgestell mit Aufbau der Zwickauer Fahrzeugfabrik vorm. Schumann AG., Zwickau, geliefert 1923 an das bulgarische Ministerium für Volksgesundheit.

Mercedes-Benz Typ L 1 Krankenwagen 1929. 50 PS 3,9 Liter Sechszylindermotor, Gesamtgewicht 3700 kg, Höchstgeschwindigkeit 50 km/h.

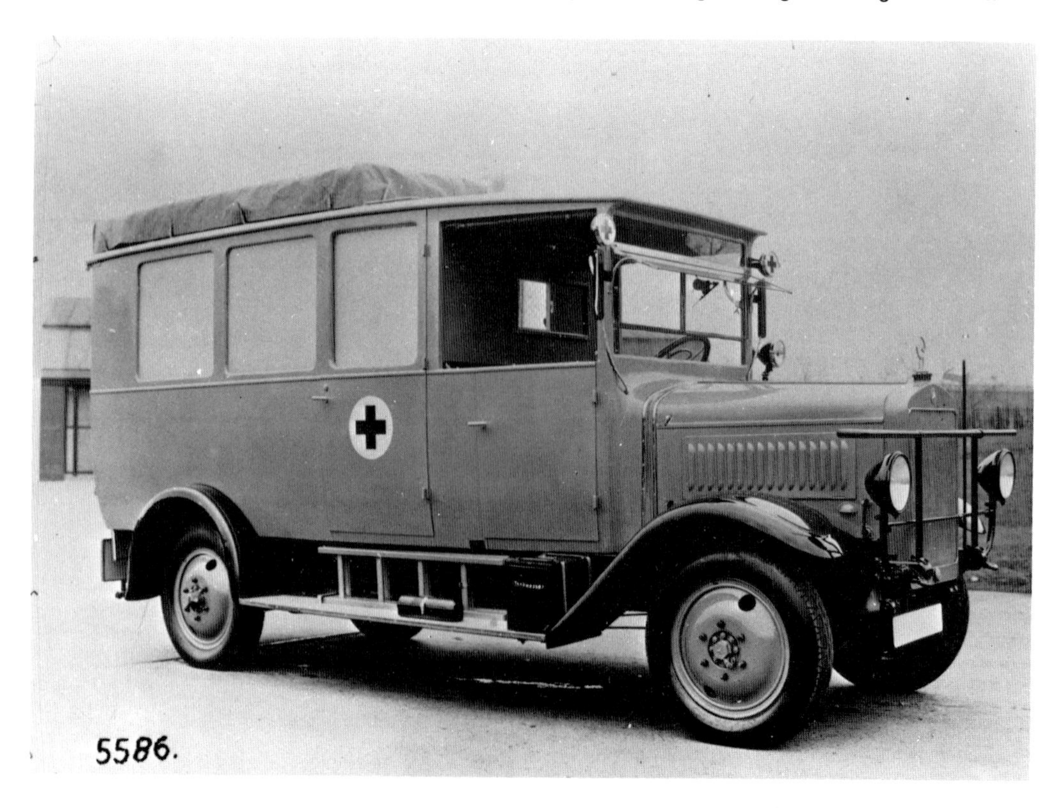

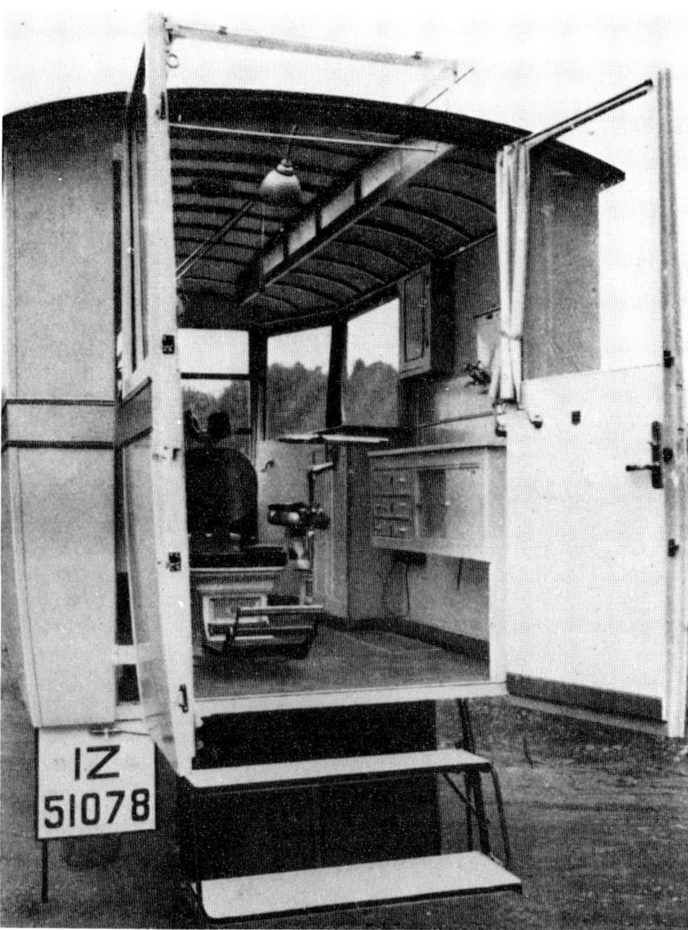

Opel 1,5 to Schnellastwagen (4 Zylinder, 2,6 Liter, 45 PS, Gesamtgewicht 2800 kg) als Schulzahnarztwagen, geliefert 1927 von der Firma Miesen, Bonn, für die Schulzahnpflege im Landkreis Bonn.

22/70 PS Maybach Krankenwagen mit Aufbau der Fahrzeugfabrik Friedrich Köther GmbH., Düsseldorf, angekauft 1927 von der Branddirektion Düsseldorf. Wohl niemals mehr wurde ein deutscher Krankenwagen auf ein so teures Fahrgestell gesetzt. Außerdem war und blieb dieses feudale Fahrzeug vermutlich der einzige Maybach Krankenwagen. Mit dem Aufbau und seiner Innenausstattung wurde übrigens, wie die Bilder zeigen, kein besonderer Aufwand oder Luxus getrieben. Umso erstaunter fragt man sich, welchen Sinn die Verwendung des exklusiven Fahrgestells gehabt haben mag.

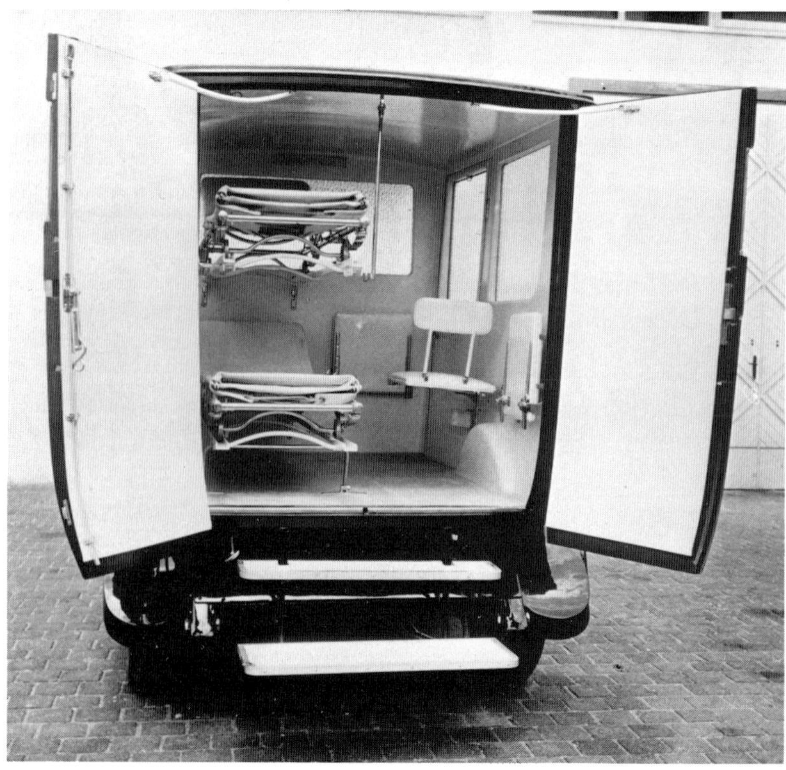

Zwar handelte es sich beim Maybach Krankenwagen um ein Einzelexemplar, doch war es in den späten zwanziger Jahren durchaus üblich, für Krankenwagen die Fahrgestelle großer Personenwagen zu verwenden. Im Bild: 15/80 PS Stoewer »8« Krankenwagen 1928.

Horch Typ 850 (8 Zylinder, 4 Liter, 80 PS) Krankenwagen 1929.

Mercedes-Benz 6 Zylinder 3,5 Liter 13/60 PS Krankenwagen, geliefert 1930 an das Diakonissen-Krankenhaus Elbing. (Viele große Krankenhäuser hielten sich in den zwanziger und dreißiger Jahren ihren eigenen Krankenwagen.)

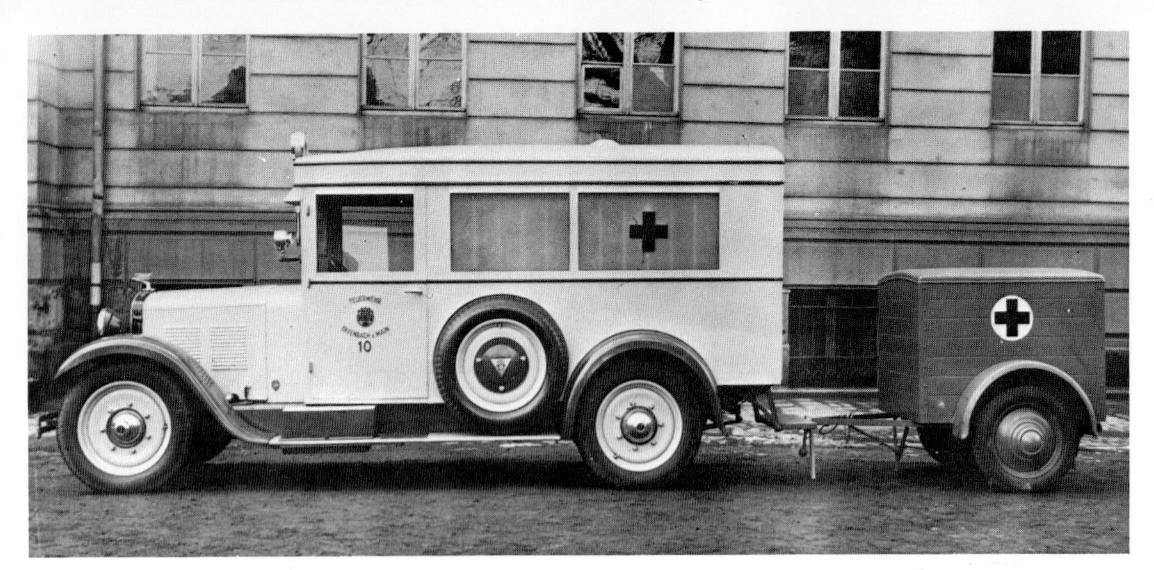

Adler L 6 (6 Zylinder, 2,9 Liter, 50 PS) als Krankentransportwagen mit Anhänger der Feuerwehr Offenbach am Main. Baujahr etwa 1930.

Adler L 6 Krankentransportwagen, Baujahr etwa 1930.

Kranken-Anhängewagen, Baujahr etwa 1931. Dieser Apparat dürfte für Kranke selbst auf kurzen Strecken ein ziemlich unzumutbares Beförderungsmittel gewesen sein, ebenso für den begleitenden Sanitäter, für den ein Motorradsitz und zwei Fußstützen vorgesehen waren!

Mercedes-Benz Typ L 1000 (6 Zylinder, 2,6 Liter, 10/50 PS) mit Reutter-Karosserie als Krankentransportwagen, Baujahr 1931.

Mercedes-Benz Typ L 1000 mit Aufbau der Karosseriefabrik Friedrich Minameier, Nürnberg, als Krankentransportwagen der Freiwilligen Sanitätskolonne Bayreuth, Baujahr etwa 1932.

Berufsfeuerwehr
Mannheim
1
IVB-28040

Berufsfeuerwehr
Mannheim
1

IVB-28040

Magirus Typ M 20 Krankenwagen, geliefert 1934 an die Feuerwehr der Lutherstadt Wittenberg.

Magirus Typ M 20 Krankenwagen, geliefert im Oktober 1935 an die Feuerlöschpolizei Tilsit.

Hansa-Lloyd 2 Tonner mit Magirus-Aufbau als Krankenwagen, geliefert 1937 an die Feuerlöschpolizei in Greifswald.

Mercedes-Benz Typ Lo 2000 (55 PS 3,8 Liter Vierzylinder Dieselmotor) als Krankenwagen für 4 Bahren mit Aufbau der Firma Miesen, Bonn. Baujahr 1936.

Mercedes-Benz Typ Nürburg (4,6 Liter Reihen-Achtzylinder) Baujahr 1932 als Krankenwagen der Berufsfeuerwehr Mannheim.

12/50 PS Adler L 6 – 3 GK Krankenwagen für 2 Bahren bzw. 6 Personen. Baujahr etwa 1933.

12/60 PS Adler L 6 – 3 GK Krankenwagen für 2 Bahren bzw. 6 Personen. Baujahr etwa 1936.

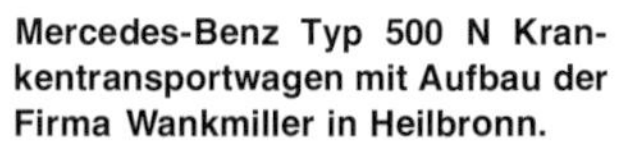
Mercedes-Benz Typ 500 N Krankentransportwagen mit Aufbau der Firma Wankmiller in Heilbronn.

Horch Typ 830 BL Krankenwagen mit Aufbau der Firma Seegers & Sohn, Leipzig. Daten: 82 PS 3,5 Liter V8-Motor, Querlenker-Vorderradaufhängung, Doppelgelenk-Hinterachse, Radstand 3350 mm, Gesamtmaße 5250 x 1780 x 2220 mm. Von 1935 bis 1939 wurden annähernd 100 Stück dieses Krankenwagens gebaut. Der Preis betrug je nach Ausrüstung um 11 500 Reichsmark.

Wanderer W 26 mit Aufbau der Fahrzeugwerke Lueg, Bochum, geliefert 1938 an die Stadt Bocholt.

Phänomen Granit Krankentransportwagen 1938. Luftgekühlter 40 PS 2,5 Liter Vierzylindermotor, Radstand 3550 mm, Gesamtmaße 5600 x 1780 x 2300 mm, Fahrzeuggewicht 2200 kg.

Mercedes-Benz Typ L 1500 E Krankenwagen Baujahr 1937/38 in Wehrmacht-Ausführung. 45 PS 2,3 Liter Sechszylindermotor, Radstand 3200 mm, Gesamtgewicht 3100 kg, Höchstgeschwindigkeit 72 km/h, Verbrauch 17 Liter/100 km. Eingerichtet für 4 Bahren bzw. 2 Klappbänke.

Mercedes-Benz Typ L 1500 Krankenwagen Baujahr 1938/39 für 4 Bahren. Zivile Ausführung. Daten wie Wehrmacht-Ausführung.

Adler W 61 Krankenwagen Baujahr 1938/39 in Wehrmacht-Ausführung, eingerichtet für 4 Bahren bzw. 2 Klappbänke. 55 PS 2,4 Liter Sechszylindermotor, Radstand 3250 mm, Gesamtgewicht 3550 kg.

Wehrmacht-Krankenwagen Phänomen Granit 25 H 1936 – 1939. Luftgekühlter 37 PS 2,5 Liter Vierzylindermotor, Radstand 3260 mm, Gesamtmaße 5100 x 2040 x 2250

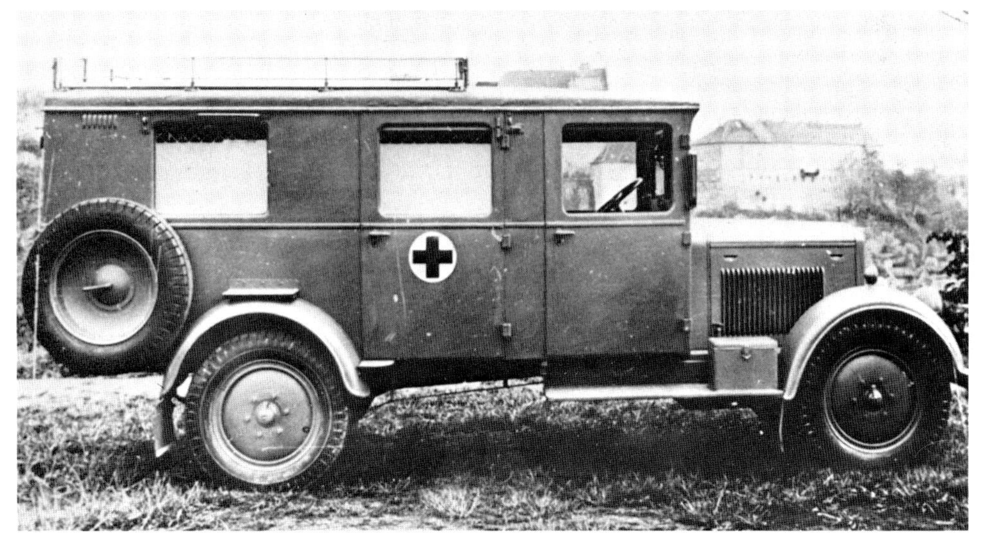

mm, Fahrzeuggewicht 2360 kg, Gesamtgewicht 2960 kg, Höchstgeschwindigkeit 73 km/h, Verbrauch 15,5 Liter/100 km.

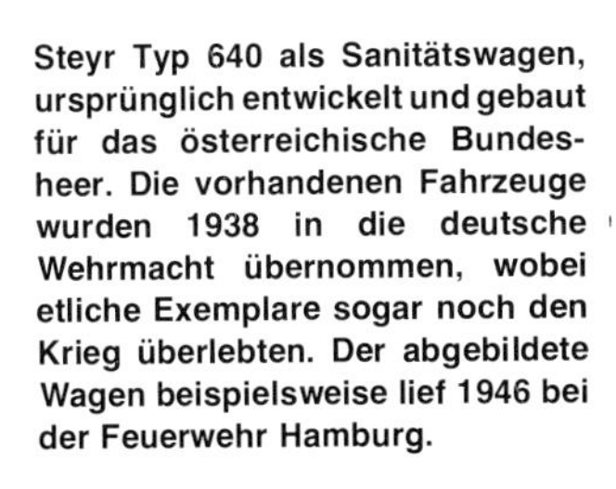

Steyr Typ 640 als Sanitätswagen, ursprünglich entwickelt und gebaut für das österreichische Bundesheer. Die vorhandenen Fahrzeuge wurden 1938 in die deutsche Wehrmacht übernommen, wobei etliche Exemplare sogar noch den Krieg überlebten. Der abgebildete Wagen beispielsweise lief 1946 bei der Feuerwehr Hamburg.

In den ersten Kriegsjahren, als die deutsche Industrie keine oder fast keine zivilen Krankenwagen mehr fertigte, wurde der tschechische Praga Lady als Krankenwagen noch serienweise an das Deutsche Rote Kreuz geliefert. 35 PS 1,7 Liter Vierzylinder, Radstand 2650 mm.

Bild Mitte: MAN 4 t mit Aufbau der Karosseriefabrik Miesen als Bereitschaftswagen des Deutschen Roten Kreuzes, eingerichtet für 12 liegende oder 32 sitzende Patienten.

Bild unten: MAN 4 t als Küchenwagen für das Bereitschaftslazarett des Deutschen Roten Kreuzes. Baujahr 1940.

Verhältnismäßig zahlreich waren die bei Kriegsbeginn von der Wehrmacht eingezogenen Horch 830 BL. Während die Cabriolets als Dienstwagen für höhere Kommandeure verwendet wurden, hat man die Limousinen und Pullman-Limousinen fast alle zu Behelfs-Sanitätskraftwagen umgebaut. Da sie sich jedoch für Geländefahrten kaum eigneten, wurden sie nie bei den Fronttruppen, sondern nur im rückwärtigen Gebiet und in der Heimat eingesetzt.

Um Arbeit und vor allem Material zu sparen, ging man bei diesen Umbauten bald zu größtmöglicher Einfachheit über. Die Aufbauten der Behelfs-Sanitätskraftwagen waren bald nur noch viereckige, handwerklich leicht zu fertigende Kästen aus Holz oder Preßspanplatten. Der abgebildete Horch 830 BL, ziemlich häufig in dieser Ausführung, überlebte den Krieg und fuhr danach noch jahrelang als Krankentransportwagen der Berliner Feuerwehr.

Den zur Wehrmacht eingezogenen Opel Admiral erging es genau so wie den Horch 830 BL. Die Cabriolets wurden meistens bei irgendwelchen Stäben verschlissen, die Limousinen zu Behelfs-Sanitätskraftwagen umgebaut. Hier ein Aufbau aus Preßspanplatten.

In den ersten Kriegsjahren, als man vor lauter Siegeszuversicht den Krieg noch gar nicht so recht ernst nahm, entwickelte und baute man u. a. die merkwürdigsten Fahrzeuge. Zu den Absonderlichkeiten, die dabei entstanden, gehört dieses Borgward Raupenfahrzeug für den zivilen Küstenrettungsdienst, hergestellt 1940 oder 1941 auf dem Fahrgestell einer 3 to-Halbketten-Zugmaschine der Wehrmacht.

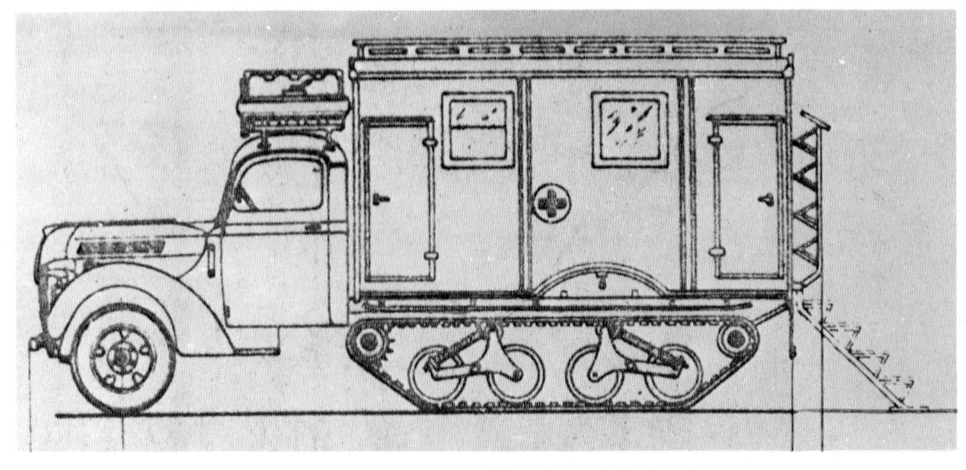

Eher akzeptabel, aber ebenfalls schon nicht mehr zeitgemäß war der von Ford 1942 vorgeschlagene und wohl auch in wenigen Exemplaren hergestellte Krankenwagen auf dem Fahrgestell des 2 to Halbketten-Lkw. Maultier.

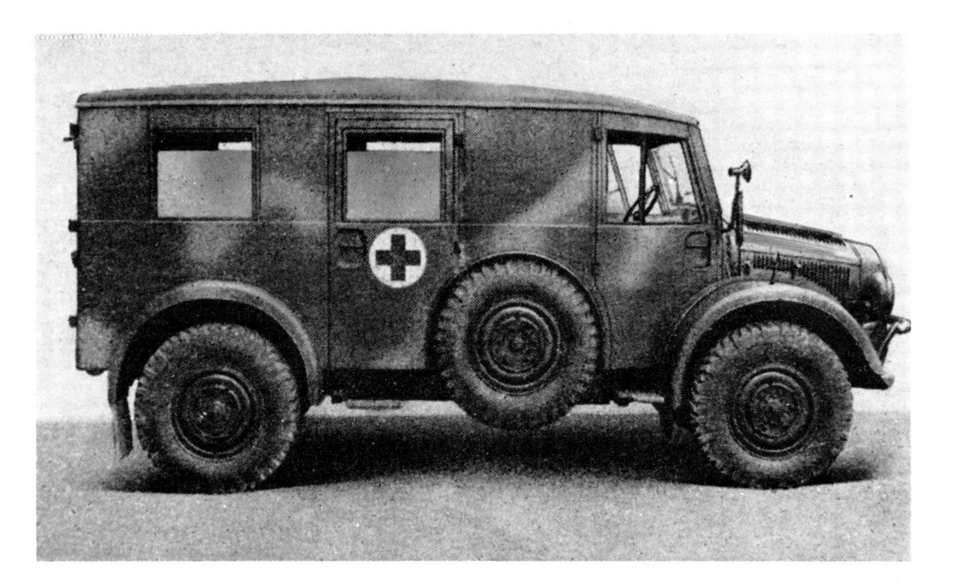

Dank seiner hervorragenden Geländegängigkeit schätzte man den Schweren Einheits-Pkw. als Sanitäts-Kraftwagen Kfz. 31 an allen Fronten. 90 PS 3,8 Liter Horch oder 78 PS 3,6 Liter Ford V8-Motor, Allrad-Antrieb, Radstand 3000 mm, Gesamtmaße 4850 x 2000 x 2040 mm, Fahrzeuggewicht etwa 4000 kg, Gesamtgewicht 4800 kg. Gebaut 1940 bis 1941.

Häufigster Wehrmachts-Krankenwagen war der Phänomen Granit 1500 S, gebaut von 1940 bis 1944 als Nachfolger des auf Seite 297 abgebildeten Modells. Luftgekühlter 50 PS 2,7 Liter Vierzylinder Vergasermotor, Radstand 3270 mm, Gesamtmaße 5490 x 1890 x 2085 mm, Fahrzeuggewicht 2135 kg, Gesamtgewicht 2750 kg. Der Phänomen Granit war zwar viel anspruchsloser konstruiert als der Schwere Einheits-Pkw. und wegen des fehlenden Allrad-Antriebs auch weniger geländetüchtig, doch dafür übertraf er ihn an Robustheit und Zuverlässigkeit, und vor allem konnte man ihn in genügend großer Zahl herstellen, eben weil der Materialaufwand in angemessenen Grenzen blieb.

So sah der Phänomen Granit 1500 S in der äußerst vereinfachten und abgemagerten Endausführung aus. Einheits-Fahrerhaus, nur 1 Ersatzrad, einfach bereifte Hinterachse. Diesem Auto sah man von weitem an, daß nun der Krieg hoffnungslos verloren war und bald zu Ende sein mußte.

Nach dem Zusammenbruch waren die Sanitätsdienste froh um jeden Krankenwagen, den man noch einsetzen konnte. Solange es noch keine oder zu wenig neue Fahrzeuge gab, behalf man sich mit mehr oder weniger improvisierten Umbauten. Ein Beispiel für viele mag hier genügen. Das abgebildete Fahrzeug ist ein ehemaliger mittlerer Einheits-Pkw. der Wehrmacht, ein Horch 3,5 Liter, den ein Betrieb in der damaligen Sowjetzone Deutschlands in bemerkenswert sauberer Manier zu einem Krankenwagen für 4 Tragen umgebaut hat.

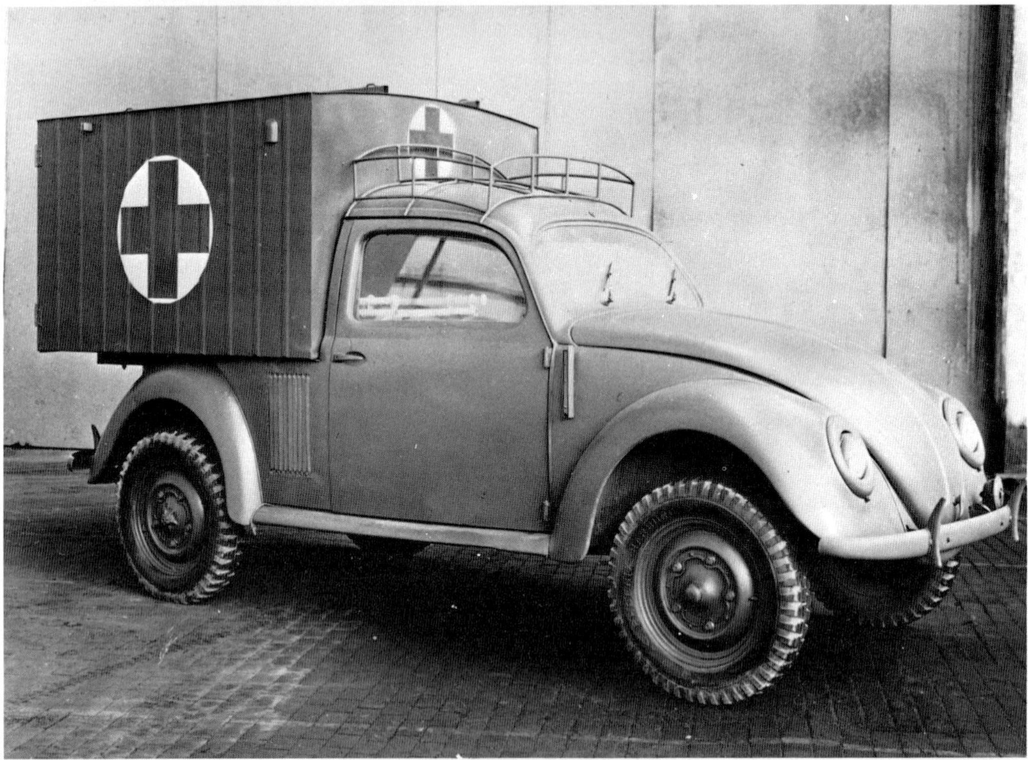

Sinnbild für die Not der Nachkriegszeit: Vom behelfsmäßigen Kastenwagen VW Typ 83, der bei und nach Kriegsende an die Reichspost geliefert wurde, hat man diesen Krankenwagen abgeleitet. Da der Kastenraum für diesen Zweck zu kurz war, reichte das Kopfende der Trage in den Fahrerraum, weshalb wiederum der Beifahrersitz entfallen mußte.

1948 war man schon wieder anspruchsvoller geworden, doch das Geld war äußerst knapp. Dieser Situation trug die Karosseriefirma Miesen Rechnung, indem sie Volkswagen Limousinen als Krankenwagen verwendbar machte. In der Galerie auf dem Dach werden die Trage, die Schwenkdrehbühne und die Plattform verstaut, wenn der Wagen als normaler Viersitzer laufen soll.

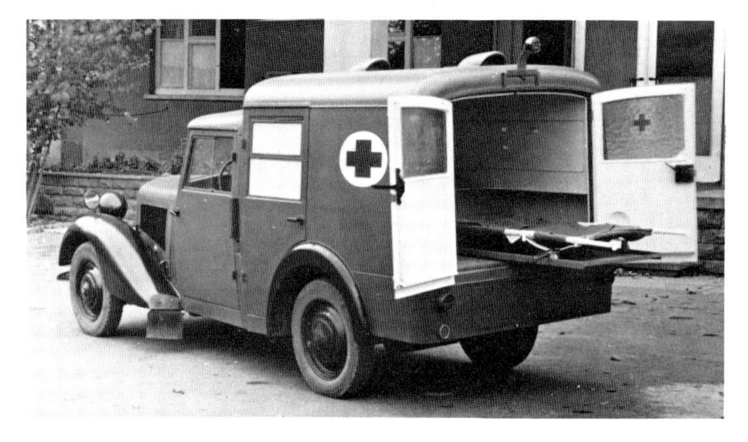

Die Wiederaufnahme der Automobilproduktion bei Daimler-Benz erfolgte im Mai 1946, wobei zunächst in geringer Stückzahl nur Kastenwagen, Krankenwagen und Polizei-Streifenwagen gebaut wurden. Auch hier war der Kastenaufbau noch recht behelfsmäßig und überdies für den Krankentransport zu kurz, weshalb der Beifahrersitz so weit vorgeschoben wurde, daß er kaum mehr zu gebrauchen war. Auch das Fahrerhaus, mit Preßspanplatten verkleidet und mit Schiebefenstern versehen, war beim Mercedes-Benz Typ 170 V Krankenwagen der Ausführung 1946/47 noch arg primitiv.

Der Mercedes-Benz Typ 170 V Krankenwagen Ausführung 1947/48 hatte nun wenigstens wieder ein ordentliches Stahlblech-Fahrerhaus mit Kurbelfenstern. Doch der behelfsmäßige Charakter haftete dem Wagen immer noch an. Einige Daten: 38 PS 1,7 Liter Vierzylinder-Motor, Radstand 2845 mm, Gesamtmaße 4340 x 1620 x 1850 mm, Fahrzeuggewicht 1170 kg. Höchstgeschwindigkeit 108 km/h.

Mercedes-Benz Typ 170 V oder 170 D mit Aufbau der Fahrzeugwerke Lueg, Bochum, als Krankenwagen Ausführung 1949 bis 1953. Das war der erste richtige und serienmäßige Krankenwagen Deutschlands nach dem Kriege. 45 PS Benzin- oder 40 PS Dieselmotor, Radstand 2845 mm, Gesamtmaße 4450 x 1620 x 1720 mm, Fahrzeuggewicht 1230 bzw. 1300 kg. Lieferbar für 1 oder 2 Tragen. Preis ab 9200 DM.

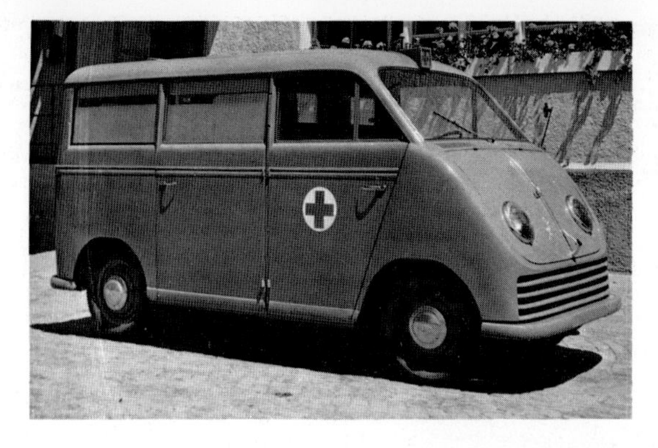

DKW F 89 L als Krankenwagen, Baujahr 1951. 20 PS 700 ccm Zweizylinder Zweitakt-Motor. Wegen Lärm, Geruch und Fahrkultur gewiß nicht das geeignetste Fahrzeug, doch den VW Bus als Krankenwagen gab es noch nicht.

1,5 t Opel-Blitz 1950 mit Miesen-Aufbau als Krankenwagen mit 2 Tragen.

1,5 t Opel-Blitz 1951 mit Miesen-Aufbau als Krankenwagen mit 1 Trage. 58 PS 2,5 Liter Sechszylinder-Motor, Radstand 3250 mm, Gesamtgewicht 3400 kg. Preis DM 13 250,–.

Büssing TU 5000 (135 PS) mit Miesen-Aufbau als Groß-Krankenwagen (12 Tragen) der Hamburger Feuerwehr. Baujahr 1951.

Mercedes-Benz Typ 180 mit Aufbau der Firma Miesen (Bonn) als Krankenwagen der Berufsfeuerwehr Hannover.

Mercedes-Benz Typ 180 Baujahr 1955 mit Aufbau der Firma Binz (Lorch/Württemberg) als Krankenwagen.

Mercedes-Benz Typ 180 Baujahr 1955 mit Aufbau der Firma Herrmann (Hamburg) als Krankenwagen der Hamburger Feuerwehr.

Mercedes-Benz Typ 180 D mit Aufbau der Firma Binz als Blutkonserven-Transportwagen des Deutschen Roten Kreuzes.

Ford 17 M P 3 (Baujahr 1962) als Krankenwagen. Aufbau Miesen.

Prachtvolles Einzelexemplar: Binz baute 1957 einen BMW 502 zum Krankenwagen um. Den Auftrag dazu erteilte das Deutsche Rote Kreuz in München, zum Einsatz kam der Wagen in Grafenau.

Ford FK 1000, von Binz als Krankentransportwagen mit 2 Tragen und 1 Tragesessel hergerichtet. Baujahr 1955.

Weiteste Verbreitung: VW Krankenwagen, wie er von 1951 bis 1963 in großer Zahl geliefert wurde. Der Preis betrug nahezu konstant etwa 9500 DM.

Opel-Blitz mit Miesen-Aufbau als Unfallwagen der Berufsfeuerwehr Hannover. Baujahr etwa 1953, Außerdiensstellung 1961. (Bemerkenswert die mittels Scheibenwischermotoren schwenkbar gemachten Blaulichtlampen, die eine den späteren Rundumkennleuchten nahekommende Wirkung erzielten.)

Ford FK 2500 (100 PS 3,9 Liter V8-Benzinmotor, Gesamtmaße 6000 x 2350 x 2800 mm, Fahrzeuggewicht 4000 kg, Gesamtgewicht 5200 kg) mit Einrichtung der Firma Miesen, Baujahr 1957, im August 1959 bei der Berufsfeuerwehr Köln als erster Notarztwagen der Bundesrepublik in Dienst gestellt.

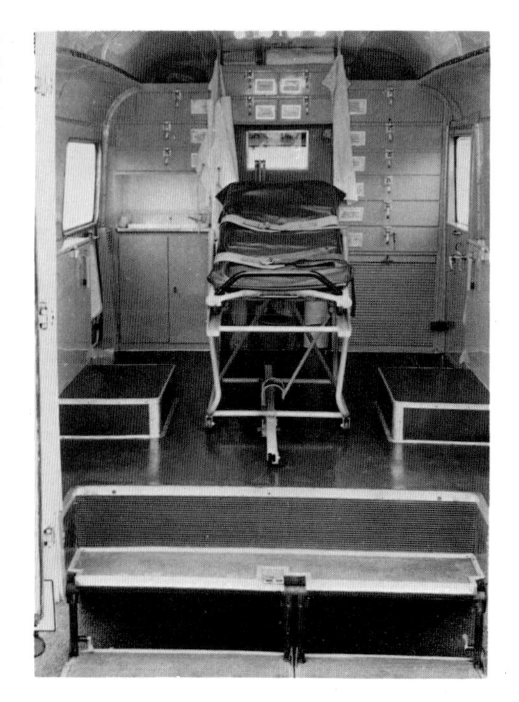

Dem ersten Notarztwagen folgte bei der Kölner Feuerwehr bald ein zweiter, ein Thames Trader (englischer Ford-Lastwagen) mit ganz ähnlichem Aufbau und ebenfalls mit Sanitätseinrichtung von Miesen.

Mercedes-Benz Omnibus Typ O 320 H mit Stromversorgungsanhänger als Operationswagen der Universitätsklinik Heidelberg, eingerichtet 1957 auf Anregung von Prof. K. H. Bauer. Auch dieser Omnibus war ein Vorläufer der Notarztwagen, doch, wie die Erfahrung zeigte, von einer falschen Idee ausgehend. Der Notarzt braucht nicht an Ort und Stelle zu operieren, sondern nur die ärztliche Erstversorgung des Unfallverletzten durchzuführen. Außerdem war der Heidelberger OP-Wagen viel zu schwer, zu wenig handlich und zu wenig wendig.

In Industrieländern wie der Bundesrepublik besteht zwar kein Eigenbedarf an fahrbaren Operationsräumen. Dennoch wurden solche von 1953 bis 1956 in größerer Zahl vom Clinomobil-Hospitalwerk GmbH (Hannover-Langenhagen) gebaut. Sie wurden entweder an Exportkunden verkauft oder an Entwicklungsländer von der Bundesregierung verschenkt. Im Bild ein Mercedes-Benz Typ LA 312, Sattelauflieger mit Leichtmetall-Aufbau von der Firma Ackermann. Baujahr 1959.

Mercedes-Benz Typ LP 312 als Clinomobil Operationswagen mit Seitenzelt und Polyma Stromerzeuger für Pakistan.

Mercedes-Benz Unimog S mit Anhänger als Clinomobil Operationszug für Mali.

Büssing Omnibus als Clinomobil Röntgenwagen 1955.

Magirus-Deutz Saturn mit Allrad-Antrieb und Sattelauflieger als Clinomobil Operationszug.

Mercedes-Benz Typ 190 oder 190 D (1961–1965) mit Aufbau der Firma Miesen als Krankenwagen. Gesamtmaße 4750 x 1795 x 1740 mm, Fahrzeuggewicht 1480 bzw. 1530 kg, Gesamtgewicht 1950 bzw. 2000 kg. Preis je nach Ausführung und Ausrüstung etwa 20 000 DM.

Mercedes-Benz Typ 190 mit Aufbau der Firma Binz als Desinfektionswagen der Berufsfeuerwehr Essen.

Mercedes-Benz Typ 190 oder 190 D (1961–1965) mit Aufbau der Firma Binz als Krankenwagen mit leicht erhöhtem Dach.

Mercedes-Benz Typ 200 oder 200 D (1965–1968) mit Aufbau der Firma Miesen als Krankentransportwagen mit erhöhtem Dach.

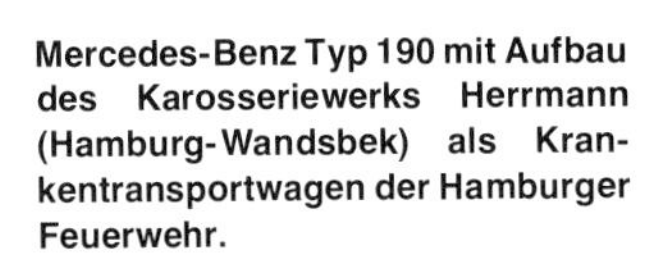

Mercedes-Benz Typ 190 mit Aufbau des Karosseriewerks Herrmann (Hamburg-Wandsbek) als Krankentransportwagen der Hamburger Feuerwehr.

Mercedes-Benz Typ 200 mit Aufbau des Karosseriewerks Herrmann (Hamburg-Wandsbek) als Krankentransportwagen der Hamburger Feuerwehr.

Der VW Krankenwagen Ausführung 1963–1967 besaß eine wesentlich breitere Heckklappe. Außerdem war er auf Wunsch mit seitlicher Schiebetür sowie mit 1,5 statt 1,2 Liter-Motor lieferbar.

VW Clinomobil Rettungswagen. Gesamtmaße 4280 x 1750 x 2600 mm, Fahrzeuggewicht 1640 kg, Gesamtgewicht 2070 kg.

Auch Heidelberg ging, nachdem sich der Operationswagen (siehe Seite 309) als untauglich erwiesen hatte, im Jahr 1967 auf einen Notarztwagen üblichen Zuschnitts über. Man wählte einen von der Firma Miesen eingerichteten Citroën HY 1500 wegen der guten Federung und wegen der serienmäßigen Innenhöhe von 1,75 Metern.

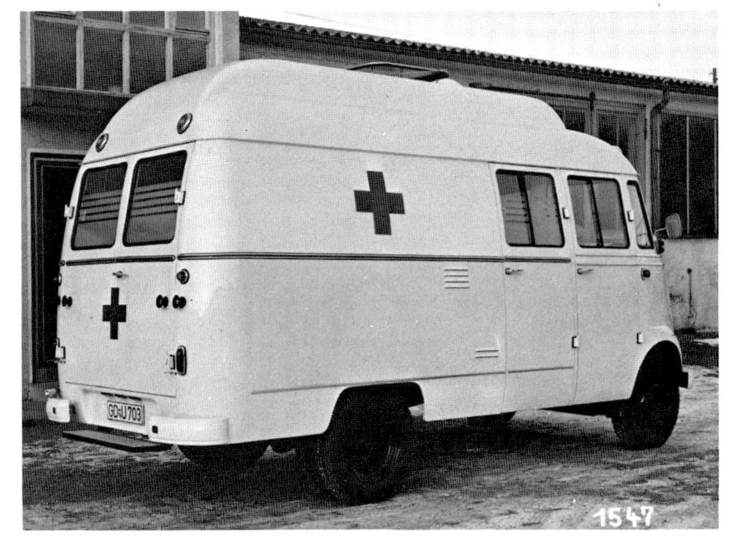

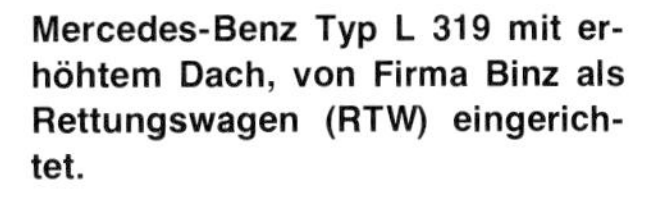
Mercedes-Benz Typ L 319 mit erhöhtem Dach, von Firma Binz als Rettungswagen (RTW) eingerichtet.

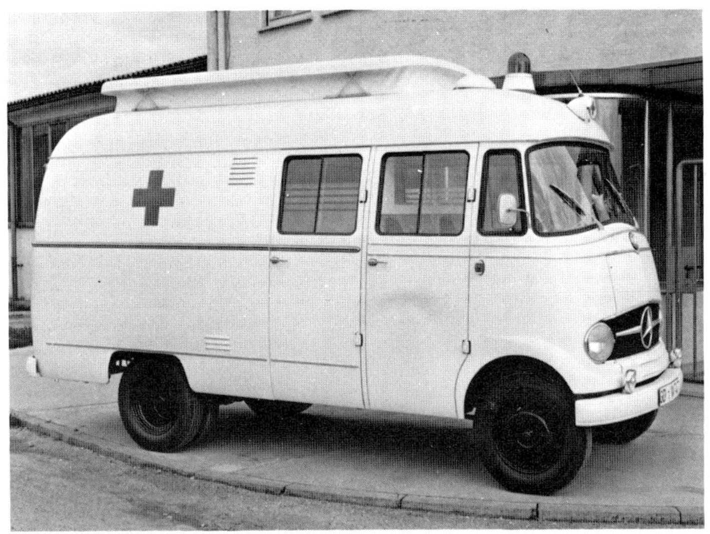

Mercedes-Benz Typ L 319 mit Erhöhung des Dachmittelteils durch Kurbelmechanismus, von Firma Binz als Krankentransportwagen (KTW) eingerichtet.

Mercedes-Benz Typ L 319 B, eingerichtet vom Karosseriewerk Herrmann als Notarztwagen (NAW), geliefert 1965 an die Berufsfeuerwehr Hamburg.

Mercedes-Benz Typ L 407, eingerichtet von der Firma Binz, als Unfall-Rettungswagen oder Notfall-Arztwagen für Erste Hilfe und den Transport von Schwerverletzten. Baujahr 1966.

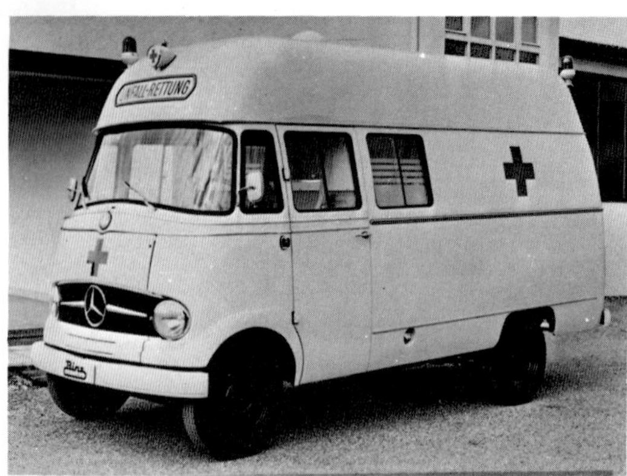

Mercedes-Benz Typ L 319 B, eingerichtet vom Karosseriewerk Herrmann, als Leichenwagen der Berufsfeuerwehr Hamburg.

Mercedes-Benz Typ L 319 B, eingerichtet von der Firma Binz als Blutkonserven-Transportwagen für das Deutsche Rote Kreuz, Blutspendezentrale Baden-Baden.

Opel-Blitz 1,9 t Baujahr 1963 mit Miesen-Aufbau als Unfallwagen (UW) der Berufsfeuerwehr Hannover. 6 UW dieses Modells befanden sich bis 1970 im hannoverschen Unfalleinsatz.

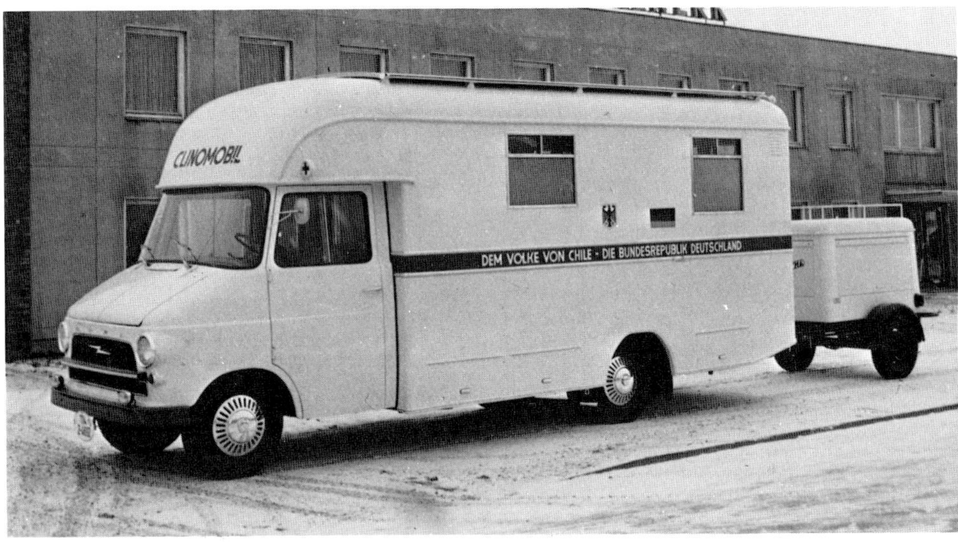

Opel-Blitz 1,9 t mit Ackermann Leichtmetall-Kofferaufbau als Clinomobil-Dentalklinik, anläßlich des Staatsbesuches von Bundespräsident Lübke 1964 der chilenischen Regierung als Geschenk überbracht.

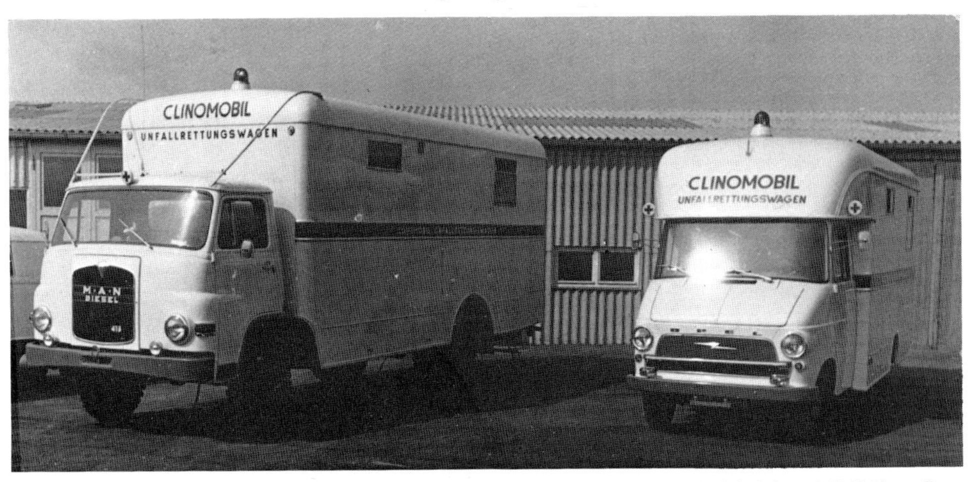

Links: MAN Typ 415 (115 PS, 4 t Gesamtgewicht) mit Leichtmetall-Kofferaufbau der Firma Ackermann (Wuppertal) als Clinomobil Unfall-Rettungswagen. Baujahr 1962.

Rechts: Opel-Blitz 1,9 t mit Leichtmetall-Kofferaufbau der Firma Peter Bauer (Köln) als Clinomobil Unfall-Rettungswagen. Baujahr 1962.

Mercedes-Benz Typ LP 608/36 als Dentalklinik, geliefert 1965 vom Clinomobil-Hospitalwerk, Hannover-Langenhagen.

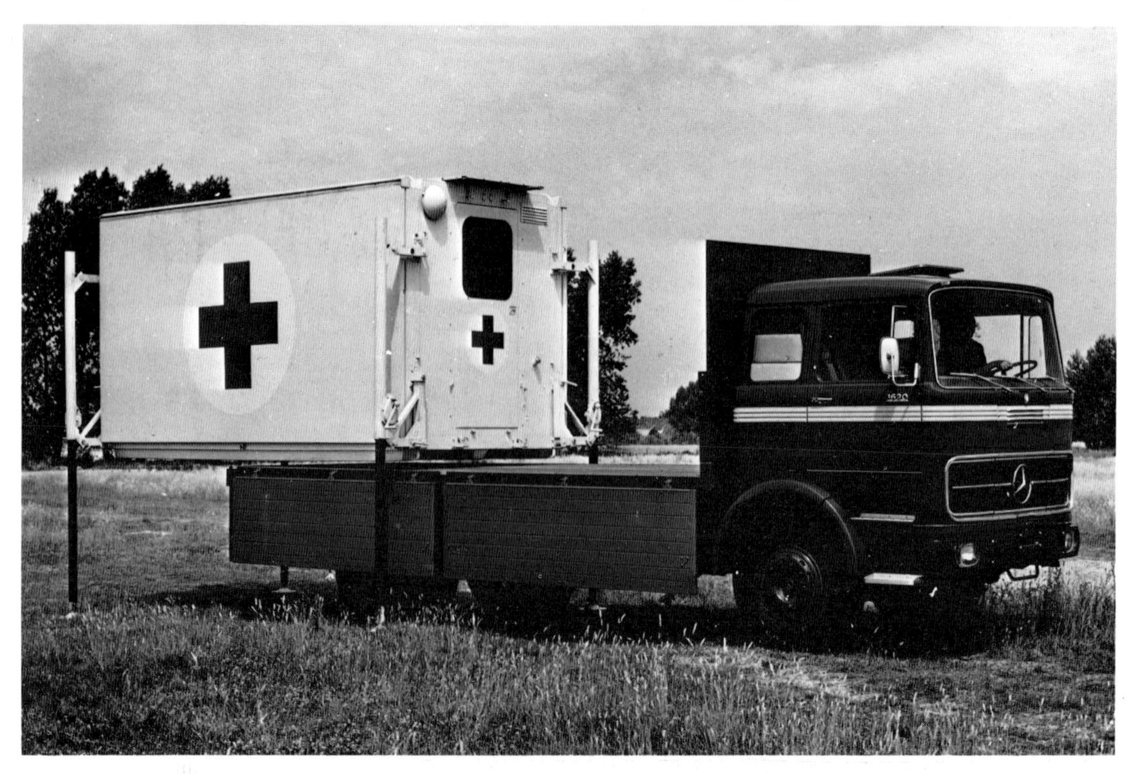

Mercedes-Benz Typ LP 1620 und absetzbarer Schelter mit Operationseinrichtung, geliefert 1965 vom Clinomobil-Hospitalwerk, Hannover-Langenhagen.

Opel Kapitän 1967/68 als Krankentransportwagen des Fahrzeug- und Karosseriewerks Christian Miesen (Bonn).

Opel Rekord 1966–1971 als Krankentransportwagen des Fahrzeug- und Karosseriewerks Christian Miesen (Bonn). Eingerichtet für 2 Tragen oder 1 Trage + 1 Sessel.

Opel Rekord Caravan (ab 1972) mit Aufbau und Einrichtung der Firma Miesen als Krankentransportwagen. Gesamtmaße 4694 x 1718 x 1960 mm (mit Blaulicht), Fahrzeuggewicht 1400 kg, Gesamtgewicht 1735 kg.

Opel Admiral Krankentransportwagen in der Ausführung ab 1973 mit verlängertem Radstand, Aufbau und Einrichtung der Firma Miesen. Radstand 3245 mm, Gesamtmaße 5385 x 1835 x 2190 mm (mit Blaulicht), Fahrzeuggewicht 1845 kg, Gesamtgewicht 2240 kg.

Mercedes-Benz Typ 220, 220 D, 230 oder 240 D Krankentransportwagen mit Aufbau und Einrichtung der Firma Miesen. Radstand 2750 mm, Gesamtmaße 4805 x 1755 x 2280 mm (mit Blaulicht), Fahrzeuggewicht 1650 kg, Gesamtgewicht 2050 kg.

Mercedes-Benz Typ 220, 220 D, 230 oder 240 D Krankentransportwagen mit Aufbau Binz Europ 1200 L für 2 Tragen oder 1 Trage + 1 Tragsessel. Radstand 3400 mm, Gesamtmaße 3385 x 1755 x 2140 mm (mit Blaulicht), Baujahr 1968–1976. Das Bild zeigt einen Typ 220 D Baujahr 1972 der Berufsfeuerwehr Hannover.

Mercedes-Benz Typ 240 D Baujahr 1974 mit Aufbau Binz Europ 1200 L als Krankentransportwagen der Berufsfeuerwehr Frankfurt.

Mercedes-Benz Typ 220 D mit Aufbau Binz Europ 1200 L als Infektionskrankentransportwagen der Berufsfeuerwehr Essen.

Mercedes-Benz Typ 220 D oder 230 (1968–1974) mit langem Radstand und Miesen-Aufbau älterer Ausführung. Das Bild zeigt einen Typ 220 D als Krankentransportwagen der Hamburger Feuerwehr, gefertigt unter Verwendung von Miesen Aufbau- und Einrichtungsteilen durch Karosseriebau Herrmann (Hamburg).

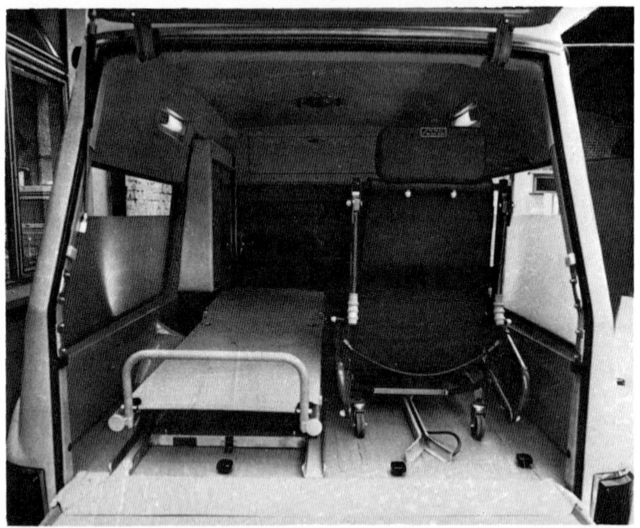

Bild rechts und Bild unten: Mercedes-Benz Typ 230/6 oder 240 D (1974–1976) mit langem Radstand und Aufbau Miesen Bonna 2600 (nochmalige Dacherhöhung) als Krankentransportwagen für 2 Tragen oder 1 Trage + 1 Tragsessel. Radstand 3400 mm, Gesamtmaße 5415 x 1770 x 2080 mm (mit Blaulicht), Fahrzeuggewicht 1840 kg, Gesamtgewicht 2290 kg. Das Bild zeigt einen Typ 240 D als KTW der Hamburger Feuerwehr, gefertigt unter Verwendung von Miesen Aufbau- und Einrichtungsteilen durch Karosseriebau Herrmann (Hamburg).

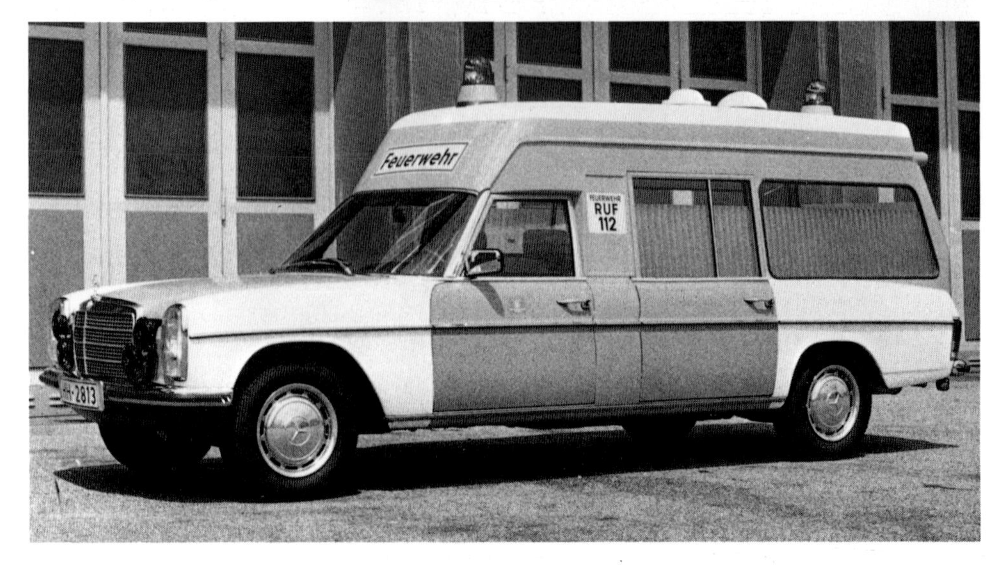

Fiat 238 Baujahr 1968 als Krankentransportwagen.

VW Krankenwagen in der seit 1967 gebauten Ausführung (Blinkeranordnung im Bild bis 1972). 1,6 Liter oder wahlweise 1,8 bzw. (ab 1975) 2 Liter-Motor. 2 Tragen, 1 Sessel, 1 Klappsitz. Radstand 2400 mm, Gesamtmaße 4505 x 1720 x 2175 mm (mit Blaulicht), Fahrzeuggewicht 1535 kg, Gesamtgewicht 2199 kg.

Ford Transit FT 100 Krankentransportwagen, Einrichtung wahlweise von Miesen oder Binz. 1 oder 2 Tragen + 1 Tragsessel. 1,5, 1,7 oder 2 Liter-Motor. Radstand 2692 mm, Gesamtmaße 4425 x 1960 x 2295 mm (mit Blaulicht), Fahrzeuggewicht 1445 kg, Gesamtgewicht 2240 kg.

Ford Transit FT 100 Krankentransportwagen mit seitlicher Schiebetür und Binz-Einrichtung.

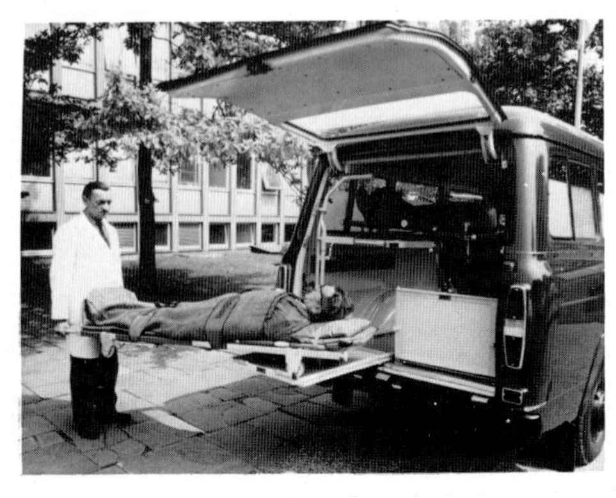

Ford Transit FT 130 Krankentransportwagen, Einrichtung wahlweise von Miesen oder Binz. 3 Tragen oder 2 Tragen + 1 Sitzbank. 1,7 oder 2 Liter-Motor. Radstand 2997 mm, Gesamtmaße 5175 x 1960 x 2420 mm (mit Blaulicht), Fahrzeuggewicht 1700 kg, Gesamtgewicht 2600 kg.

Hanomag F 20 Rettungswagen, Einrichtung von Miesen oder Binz (im Bild). Erhöhtes Dach, Radstand 2400 mm.

Hanomag F 20 Krankentransportwagen, Einrichtung von Miesen oder Binz. Radstand 2400 mm.

Hanomag-Henschel F 20 Rettungswagen, Einrichtung von Miesen oder Binz. Erhöhtes Dach, Radstand 2940 mm.

Mercedes-Benz Typ L 207 Krankentransportwagen, Einrichtung von Miesen oder Binz. 70 PS 1,8 Liter Benzinmotor, Frontantrieb Radstand 2400 mm, Gesamtmaße 4430 x 1820 x 2500 mm (mit Blaulicht), Fahrzeuggewicht 1715 kg, Gesamtgewicht 2400 kg.

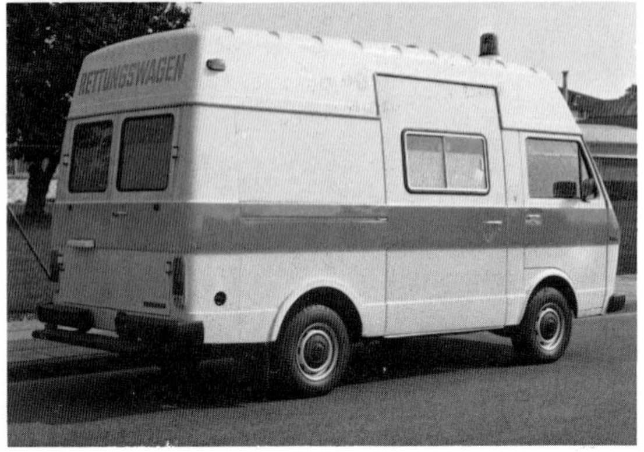

VW LT 31 Hochraum-Kastenwagen als Rettungswagen, eingerichtet von den Krankenwagenherstellern Christian Miesen (im Bild) oder Binz & Co. Vorgestellt auf der Frankfurter Automobil-Ausstellung 1975. 75 PS 2 Liter Benzinmotor, Radstand 2500 mm.

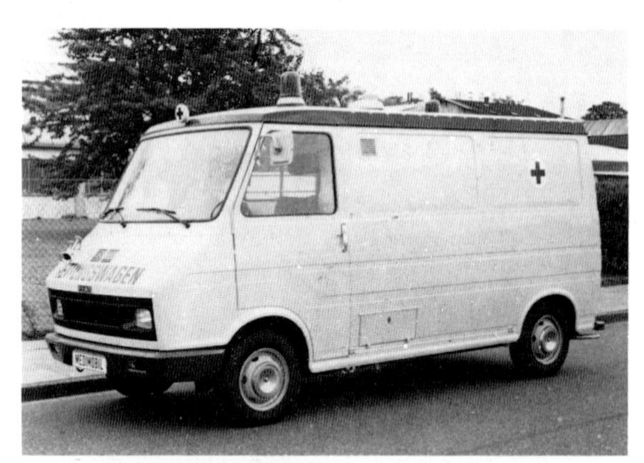

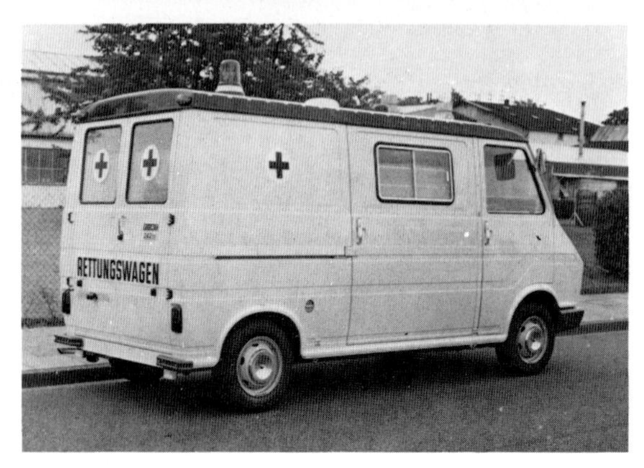

Fiat Typ 242 als Rettungswagen, eingerichtet von Miesen. Der Fiat-Transporter zeichnet sich bereits serienmäßig durch eine Stehhöhe von 1,80 Meter und eine Einstieghöhe von nur 1475 mm aus. Vorstellung ebenfalls auf der Frankfurter Automobil-Ausstellung 1975.

Mercedes-Benz Typ L 408 Krankentransportwagen für 4 Tragen, eingerichtet von Firma Herrmann und geliefert 1970 an die Hamburger Feuerwehr.

Mercedes-Benz Typ L 409/29 Krankentransportwagen für 4 Tragen, eingerichtet von Miesen. Baujahr 1975.

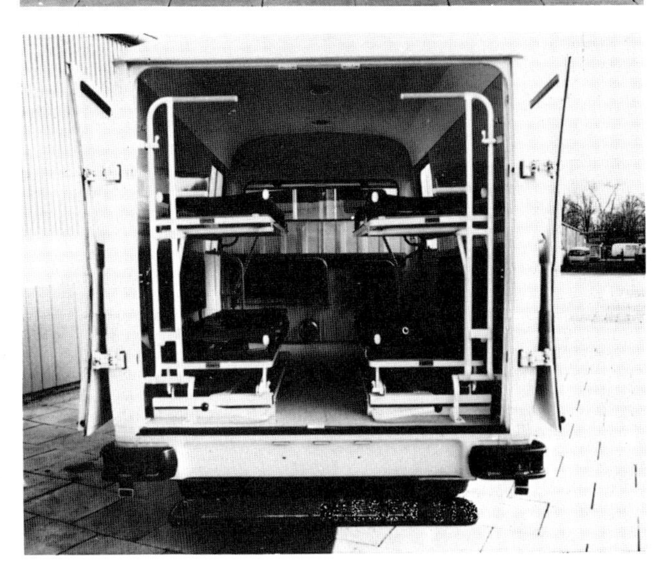

Mercedes-Benz Typ L 408 Baujahr 1969, eingerichtet von Binz, als Rettungswagen der Berufsfeuerwehr Salzgitter. Seltenere Flachdach-Ausführung.

Mercedes-Benz-Typ L 408 G Baujahr 1971 als Rettungswagen (Kölner Ausführung) der Berufsfeuerwehr Köln. Einrichtung: Miesen.

Volvo P 144 Baujahr 1971 als Notarzt-Dienstwagen der Berufsfeuerwehr Köln. In Köln wird das Rendezvous-System praktiziert. Der Rettungswagen (Bild darüber) rückt sofort aus, der Notarzt wird vom Zubringerfahrzeug abgeholt und nachgebracht.

Mercedes-Benz Typ L 408 Baujahr 1973, eingerichtet von Binz, als Rettungswagen der Berufsfeuerwehr Mainz. 80 PS 2,2 Liter Vierzylinder - Benzinmotor. Radstand 2950 mm, Gesamtmaße 5043 x 2100 x 2900 mm (mit Blaulicht), Fahrzeuggewicht 2910 kg, Gesamtgewicht 4000 kg.

Hanomag-Henschel Typ F 45 Baujahr 1974, eingerichtet von Binz, als Rettungswagen der Berufsfeuerwehr Dortmund.

Mercedes-Benz Typ L 409 Baujahr 1975, eingerichtet von Binz, als Rettungswagen der Berufsfeuerwehr Hannover. Seit Einführung des 90 PS Benzinmotors im Januar 1975 lautet die Typenbezeichnung L 409 statt L 408.

Mercedes-Benz Typ L 408, 1974 eingerichtet durch das Karosseriewerk Eugen Rappold (Wülfrath bei Düsseldorf) als Infektionskrankentransportwagen (ITW) der BF Braunschweig.

Mercedes-Benz Typ L 406 als Notarztwagen (NAW), eingerichtet vom Fahrzeug- und Karosseriewerk Christian Miesen (Bonn).

Mercedes-Benz Typ L 408 Notarztwagen (NAW), eingerichtet von Miesen.

Mercedes-Benz Typ L 408 Baujahr 1971, eingerichtet von Binz als Notarztwagen der Berufsfeuerwehr Hamburg.

Mercedes-Benz Typ L 508 D, eingerichtet von Miesen, als Notarztwagen der Bundeswehr. Die Bundeswehr ist in jenen Städten, in welchen sie eigene Krankenhäuser unterhält, in den zivilen Rettungsdienst integriert.

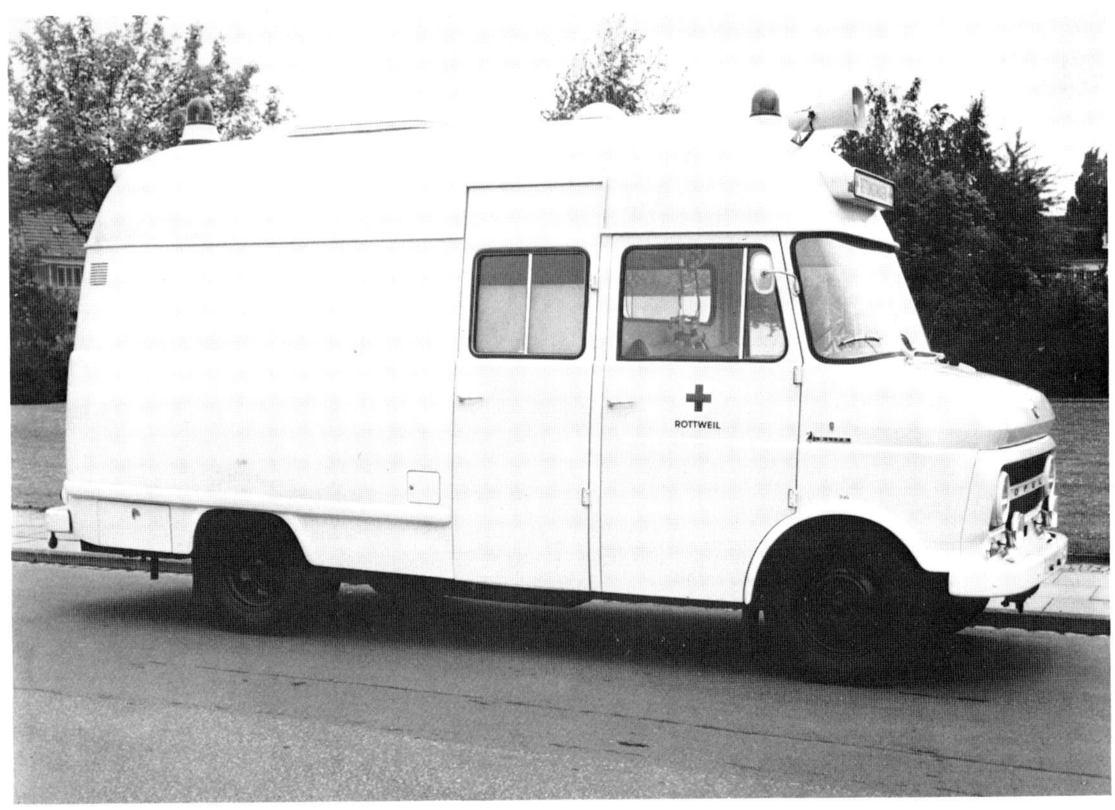

Opel-Blitz Baujahr 1971-1974, eingerichtet von Miesen, als Rettungswagen. Radstand 3000 mm, Gesamtmaße 5300 x 2370 x 2800 mm (mit Blaulicht), Fahrzeuggewicht 2470 kg, Gesamtgewicht 3580 kg.

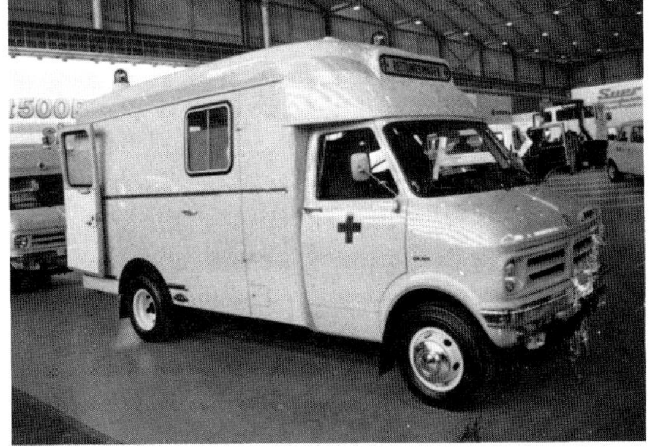

Anfang 1975 wurde die Produktion des Opel-Blitz eingestellt. An seine Stelle trat im Opel-Verkaufsprogramm der von der englischen Schwesterfirma Vauxhall stammende Bedford-Blitz mit 80 PS 2,8 Liter Benzinmotor und automatischem Getriebe. Die Firma Miesen stellte den Bedford-Blitz als KTW (Bild oben links) und als RTW (Bild oben rechts) vor.

Peugeot Typ J 7 als Rettungswagen, Einrichtung von Miesen, auf der Frankfurter Automobil-Ausstellung 1975 ausgestellt.

Mercedes-Benz Unimog S (Baujahr 1971) mit Aufbau von Kässbohrer und Einrichtung von Binz als Rettungswagen auf dem Flughafen München.

Mercedes-Benz Unimog S, eingerichtet von Binz, als Rettungswagen auf dem Flughafen Stuttgart.

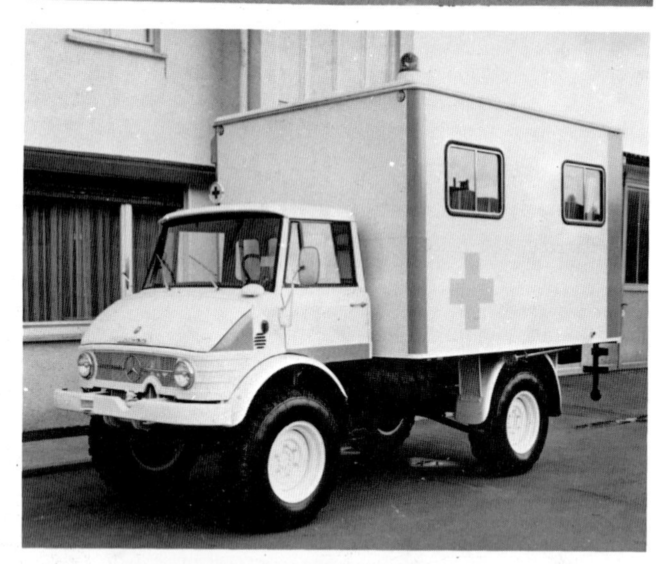

Mercedes-Benz Unimog S, eingerichtet von Miesen, als Krankenkraftwagen der Bundeswehr für 4 Tragen oder 2 Tragen + 1 Klappsitzbank. Dieses Geländefahrzeug gehört zur Feldausrüstung. Die bodenständigen Dienststellen der Bundeswehr verfügen über Krankentransportwagen VW Bus und

Ford Transit 900, über Mercedes-Benz L 508 D als Rettungs- und Notarztwagen sowie über Mercedes-Benz O 302 als Großkrankenwagen.

Bild oben links: Magirus-Deutz Typ FM 100 D 7 FA mit 3150 mm Radstand und Miesen-Einrichtung als Notarztwagen (NAW) der Berufsfeuerwehr München. Sie verfügte über 3 Exemplare dieses Modells, die ab 1967 liefen, aber bereits ab 1971 durch nunmehr 8 RTW bzw. NAW Mercedes-Benz Typ L 408 ersetzt wurden.

Bild oben rechts: Büssing-OM mit Aufbau der Saarbrücker Karosseriefabrik GmbH und Einrichtung durch Firma Miesen als Notarztwagen der Berufsfeuerwehr Köln. Besonderes Merkmal dieses Fahrzeugs: Luftfederung.

Bild rechts und unten: Mercedes-Benz Typ O 305 als Krankentransportwagen für 12 Tragen, geliefert 1970 an die Berufsfeuerwehr Hamburg. Einrichtung durch Fahrzeugwerkstätten Falkenried (Hamburg).

Kässbohrer (Ulm) baut seit 1970 den Pisten-Bully, ein Mehrzweckgerät für den Gebirgsdienst und insbesondere für die Pflege von Schneepisten. Bei Bergunfällen wird auf die Ladefläche eine Rettungskabine aufgesetzt, ein Kunststoff-Kofferaufbau mit einer von der Bergwacht entwickelten Sanitätseinrichtung. Der Pisten-Bully besitzt einen 145 PS Mercedes-Benz Dieselmotor und hydrostatischen Antrieb der Laufketten. Das Gerät wiegt etwa 3700 kg und verfügt über eine Nutzlast von etwa 1200 kg.